U0281195

数字孪生

陈　根　编著

电子工业出版社

Publishing House of Electronics Industry

北京 · BEIJING

内 容 简 介

本书涵盖了数字孪生的多个重要技术要点，并在许多方面提出了创新性的观点。本书内容包括数字孪生概论、数字孪生技术、数字孪生与工业 4.0、数字孪生城市、数字孪生在其他方面的应用、数字孪生应用案例、数字孪生技术面临的挑战与发展趋势、数字经济产业政策。通过阅读本书，读者可以深刻地了解数字孪生这门新兴学科。本书可以帮助产品设计及制造企业确定未来数字经济产业发展的研发目标和方向，升级产业结构，系统提升创新能力和竞争力；指导和帮助数字孪生及相关行业者加深对该行业认识和提升专业知识技能。另外，本书从实际出发，列举众多案例对理论进行了通俗形象的解析，因此，还可作为高校产品设计、工业设计、设计管理、设计营销等专业方向师生的教材或参考书。

图书在版编目（CIP）数据

数字孪生 / 陈根编著 . —北京：电子工业出版社，2020.3
ISBN 978-7-121-38544-5

Ⅰ . ①数… Ⅱ . ①陈… Ⅲ . ①数字技术—研究 Ⅳ . ① TP3

中国版本图书馆 CIP 数据核字（2020）第 031828 号

责任编辑：秦　聪
印　　刷：天津画中画印刷有限公司
装　　订：天津画中画印刷有限公司
出版发行：电子工业出版社
　　　　　北京市海淀区万寿路 173 信箱　邮编：100036
开　　本：720×1000　1/16　印张：14.5　字数：278.4 千字
版　　次：2020 年 3 月第 1 版
印　　次：2023 年 5 月第 10 次印刷
定　　价：89.00 元

凡所购买电子工业出版社图书有缺损问题，请向购买书店调换。若书店售缺，请与本社发行部联系，联系及邮购电话：（010）88254888，88258888。

质量投诉请发邮件至 zlts@phei.com.cn，盗版侵权举报请发邮件至 dbqq@phei.com.cn。

本书咨询联系方式：（010）88254568。

前　言

数字经济是继农业经济、工业经济之后，随着信息技术革命发展而产生的一种新的经济形态，代表着新经济的生命力，并已成为经济增长的主要动力源泉和转型升级的重要驱动力，也是全球新一轮产业竞争的制高点。

2019 年 4 月 18 日，中国信息通信研究院发布的《中国数字经济发展与就业白皮书（2019 年）》显示，2018 年我国数字经济规模达到 31.3 万亿元，同比增长 20.9%，占 GDP 比重为 34.8%。产业数字化成为数字经济增长的主引擎。近年来，数字经济增速及体量备受关注，原因就在于数字经济的发展速度显著高于传统经济门类，作为"新动能"的带动作用明显。

大力发展数字经济已经成为国家实施大数据战略、助推经济高质量发展的重要抓手。数字经济在稳增长、调结构、促转型中已发挥引领作用。目前，我国数字经济总体框架已基本构建，具体政策体系将加速成型。其中，"互联网+"高质量发展的政策体系正酝酿出台。这一政策体系包括数字经济整体发展促进政策、规制或治理政策、相关环境政策，以及大数据、人工智能、云计算等数字经济重要行业发展相关政策。围绕"互联网+"及数字经济的系列重大工程或接续展开。

随着数字经济产业如火如荼地发展，互联网、大数据、人工智能等新技术越来越深入人们的日常生活。人们投入到社交网络、网络游戏、电子商务、数字办公中的时间不断增多，个人也越来越多地以数字身份出现在社会生活中。可以想象，除去睡眠等占用的无效时间，如果人类每天在数字世界活动的时间超过了有效时间的 50%，那么人类的数字化身份会比物理世界的身份更真实有效。

2019 年 2 月，在世界范围内影响最广泛的医疗信息技术行业大型展会之一的 HIMSS 全球年会上，西门子股份公司正在研发的人工智能驱动的"数字孪生（Digital Twin）"技术亮相，旨在通过数字技术了解患者的健康状况并预测治疗方案的效果。科幻片中的"数字孪生"正快速地成为现实。听起来神一般的"数字孪生"到底是什么？它可以实现什么样的功能？又可以为企业带来什么样的效益？如何创建数字孪生？目前它在哪些实际应用领域发挥什么作用呢？可以说，数字孪生技术是未来实体产业的基石，是一项产品全生命周期管理的颠覆性技术，不论是制造业、建筑业，还是航空航天领域，都会因数字孪生技术而发生革命性的变化。毫无疑问，数字孪生技术是一场现代工业的新生产要素的革命。

本书基于"5G 技术革命""供给侧改革""互联网 +"背景下的"数字经济"和"数字孪生技术"，立足创新思维而编著出版。本书紧扣数字经济产业发展中数字孪生技术研究和发展的热点、难点与重点，内容包括数字孪生概论、数字孪生技术、数字孪生与工业 4.0、数字孪生城市、数字孪生在其他方面的应用、数字孪生应用案例、数字孪生技术面临的挑战与发展趋势、数字经济产业政策，全面阐述了数字孪生的相关知识和所需掌握的专业技能。同时，在本书的多个章节中精选了很多与理论紧密相关的图片和案例，增加了内容的生动性和趣味性，让读者轻松阅读，易于理解和接受。

本书由陈根编著。陈道双、陈道利、陈小琴、陈银开、卢德建、高阿琴、向玉花、李子慧、朱芋锭、周美丽、李文华、林贻慧、黄连环等为本书的编写提供了很多帮助，在此表示深深的谢意。

由于编著者的水平及时间有限，本书的写作过程中引用了一些具有实用参考价值的研究成果，其中包括陶飞先生与其他几位老师于 2019 年 1 月发表在《计算机集成制造系统》上的论文《数字孪生五维模型及十大领域应用》、熊明先生与其他几位老师于 2019 年 2 月发表在《油气储运》上的论文《数字孪生体在国内首条在役油气管道的构建与应用》及庄存波先生等研究人员于 2017 年 4 月发表在《计算机集成制造系统》上的论文《产品数字孪生体的内涵、体系结构及其发展趋势》等，并在书中加注了引用说明，在此一并表示诚挚地感谢。

编著者

2020 年 3 月

目　录

数字孪生
概论

第 1 章

目前，互联网、大数据、人工智能等新技术越来越深入人们的日常生活。人们投入到社交网络、网络游戏、电子商务、数字办公中的时间不断增多，个人也越来越多地以数字身份出现在社会生活中。可以想象，除去睡眠等占用的无效时间，如果人类每天在数字世界活动的时间超过有效时间的 50%，那么人类的数字化身份会比物理世界的身份更真实有效。在过去的几年里，物联网领域一直流行着一个新的术语：数字孪生（Digital Twin）。这一术语已被美国知名咨询及分析机构 Gartner 添加到 2019 年十大战略性技术趋势中。

2019 年 2 月，在世界范围内影响最广泛的医疗信息技术行业大型展会之一——美国医疗信息与管理系统学会全球年会上，人工智能（AI）医疗是与会人员广泛关注的焦点话题，其中最引人注目的是西门子正在研发的 AI 驱动的"数字孪生"技术，旨在通过数字技术了解患者的健康状况并预测治疗方案的效果。

2019 年 3 月 10 日，埃塞俄比亚航空坠机事件导致那么多条生命逝去，令人痛惜。痛定思痛，波音 737 MAX8 客机不到半年发生两次重大事故，引发外界对飞机日常检修维护的讨论，与之相关的数字孪生概念股全部涨停，数字孪生技术亦受到愈加强烈地关注。

我们再来想象一下未来：当宇航员在遥远的外太空执行一项紧急的舱外修复任务，没有时间和空间进行预演，也没有经验可借鉴。环境极度危险，机会只有一次，怎么办？这时，我们的宇航员不慌不忙，将操作涉及的各项参数、外部环境、时间、温度等整合在一起，模拟出一个和现实一模一样的虚拟环境，并对其进行反复实验，直到找出最佳的操作方式和流程。然后将这套最佳方案输入到要执行任务的太空机器人程序中，用最精确合理的操作在规定时间内完成舱外修复任务，将危险和失误降到最低。

其实，这些已不再遥远，科幻片中的"数字孪生"正快速地成为现实（见图 1-1）。听起来神一般的"数字孪生"到底是什么？它可以实现什么样的功能？又可以为企业带来什么样的效益？如何创建数字孪生？目前它在哪些实际应用领域发挥着什么样的作用呢？

图 1-1　科幻片中的"数字孪生"正快速地成为现实

1.1　数字孪生的定义

1.1.1　数字孪生的一般定义

通俗来讲，数字孪生是指针对物理世界中的物体，通过数字化的手段构建一个在数字世界中一模一样的实体，借此来实现对物理实体的了解、分析和优化。从更加专业的角度来说，数字孪生集成了人工智能（AI）和机器学习（ML）等技术，将数据、算法和决策分析结合在一起，建立模拟，即物理对象的虚拟映射，在问题发生之前先发现问题，监控物理对象在虚拟模型中的变化，诊断基于人工智能的多维数据复杂处理与异常分析，并预测潜在风险，合理有效地规划或对相关设备进行维护。

数字孪生是形成物理世界中某一生产流程的模型及其在数字世界中的数字化镜像的过程和方法（见图1-2）。数字孪生有五大驱动要素——物理世界的传感器、数据、集成、分析和促动器，以及持续更新的数字孪生应用程序。

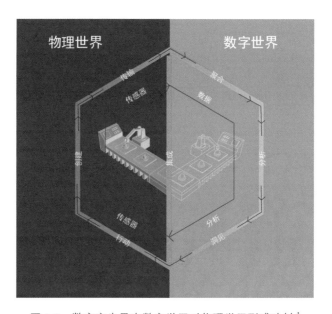

图 1-2　数字孪生是在数字世界对物理世界形成映射[1]

1. 传感器

生产流程中配置的传感器可以发出信号，数字孪生可通过信号获取

1　德勤：《制造业如虎添翼：工业4.0与数字孪生》，融合论坛，2018。

与实际流程相关的运营和环境数据。

2. 数据

传感器提供的实际运营和环境数据将在聚合后与企业数据合并。企业数据包括物料清单、企业系统和设计规范等，其他类型的数据包括工程图纸、外部数据源及客户投诉记录等。

3. 集成

传感器通过集成技术（包括边缘、通信接口和安全）达成物理世界与数字世界之间的数据传输。

4. 分析

数字孪生利用分析技术开展算法模拟和可视化程序，进而分析数据、提供洞见，建立物理实体和流程的准实时数字化模型。数字孪生能够识别不同层面偏离理想状态的异常情况。

5. 促动器

若确定应当采取行动，则数字孪生将在人工干预的情况下通过促动器展开实际行动，推进实际流程的开展。

当然，在实际操作中，流程（或物理实体）及其数字虚拟镜像明显比简单的模型或结构要复杂得多。

1.1.2 "工业 4.0" 术语编写组的定义

"工业 4.0" 术语编写组对数字孪生的定义是：利用先进建模和仿真工具构建的，覆盖产品全生命周期与价值链，从基础材料、设计、工艺、制造及使用维护全部环节，集成并驱动以统一的模型为核心的产品设计、制造和保障的数字化数据流。通过分析这些概念可以发现，数字纽带为产品数字孪生体提供访问、整合和转换能力，其目标是贯通产品全生命周期和价值链，实现全面追溯、双向共享 / 交互信息、价值链协同[2]。

如图 1-3 所示，为著名的智能制造专家张曙教授理解并形成的数字孪生概念框架，我们从中可以更直观地理解"工业 4.0"术语编写组对数字孪生的定义。

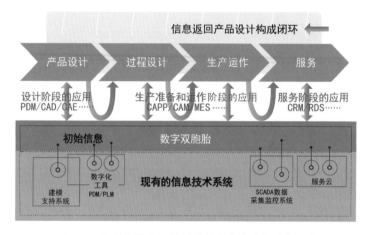

图 1-3　张曙教授理解并形成的数字孪生概念框架[3]

从根本上讲，数字孪生是以数字化的形式对某一物理实体过去和目前的行为或流程进行动态呈现，有助于提升企业绩效。

1.2　数字孪生与数字纽带

伴随着数字孪生的发展，美国空军研究实验室和美国国家航空航天局同时提出了数字纽带（Digital Thread，也译为数字主线、数字线程、

2　庄存波，等：《产品数字孪生体的内涵、体系结构及其发展趋势》，《计算机集成制造系统》2017年第23期。

3　Digital twin：《如何理解? 如何应用》，http://sh.qihoo.com/pc/9cf5c809c89b80f5c?cota=3&refer_scene=so_1&sign=360_e39369d1。

数字线、数字链等）的概念。数字纽带是一种可扩展、可配置的企业级分析框架，在整个系统的生命周期中，通过提供访问、整合及将不同的、分散的数据转换为可操作信息的能力来通知决策制定者。数字纽带可无缝加速企业数据—信息—知识系统中的权威/发布数据、信息和知识之间的可控制的相互作用，并允许在能力规划和分析、初步设计、详细设计、制造、测试及维护采集阶段动态实时评估产品在目前和未来提供决策的能力。数字纽带也是一个允许可连接数据流的通信框架，并提供一个包含系统全生命周期各阶段孤立功能的集成视图。数字纽带为在正确的时间将正确的信息传递到正确的地方提供了条件，使系统全生命周期各环节的模型能够实时进行关键数据的双向同步和沟通。

通过分析和对比数字孪生和数字纽带的定义可以发现，数字孪生体是对象、模型和数据，而数字纽带是方法、通道、链接和接口，数字孪生体的相关信息是通过数字纽带进行交换、处理的。以产品设计和制造过程为例，产品数字孪生体与数字纽带的关系如图 1-4 所示。

图 1-4　产品数字孪生体与数字纽带的关系

如图 1-5 所示为融合了产品数字孪生体和数字纽带的应用示例。仿真分析模型的参数可以传递至产品定义的全三维模型，再传递至数字化

数字孪生

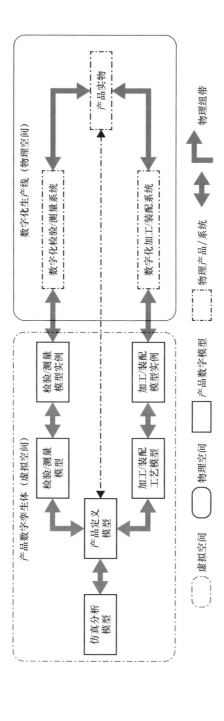

图 1-5 融合了产品数字孪生体和数字纽带的应用示例 [4]

4 庄存波,等:《产品数字孪生体的内涵、体系结构及其发展趋势》,《计算机集成制造系统》2017年第23期。

生产线加工/装配成真实的物理产品，继而通过在线的数字化检验/测量系统反映到产品定义模型中，进而反馈到仿真分析模型中。通过数字纽带实现了产品全生命周期各阶段的模型和关键数据双向交互，使产品全生命周期各阶段的模型保持一致性，最终实现闭环的产品全生命周期数据管理和模型管理。

简单地说，数字纽带贯穿了产品全生命周期，尤其是产品设计、生产、运维的无缝集成；而产品数字孪生体更像是智能产品的映射，它强调的是从产品运维到产品设计的回馈。

产品数字孪生体是物理产品的数字化影子，通过与外界传感器的集成，反映对象从微观到宏观的所有特性，展示产品的生命周期的演进过程。当然，不止产品，生产产品的系统（生产设备、生产线）和使用维护中的系统也要按需建立产品数字孪生体[5]。

1.3 数字孪生技术的演化过程

1.3.1 美国国家航空航天局（NASA）阿波罗项目

"孪生体/双胞胎"概念在制造领域的使用，最早可追溯到美国国家航空航天局（NASA）的阿波罗项目。在该项目中，NASA需要制造两个完全一样的空间飞行器，留在地球上的飞行器被称为"孪生体"，用来反映（或做镜像）正在执行任务的空间飞行器的状态。在飞行准备期间，被称为"孪生体"的空间飞行器被广泛应用于训练；在任务执行期间，利用该"孪生体"在地球上的精确仿太空模型中进行仿真试验，并

---

5 Digital Twin：《数字孪生 工四100术语》，http://www.hysim.cc/view.php?id=81。

尽可能精确地反映和预测正在执行任务的空间飞行器的状态，从而辅助太空轨道上的航天员在紧急情况下做出最正确的决策。从这个角度可以看出，"孪生体"实际上是通过仿真实时反映对象的真实运行情况的样机或模型。它具有两个显著特点：

（1）"孪生体"与其所要反映的对象在外表（指产品的几何形状和尺寸）、内容（指产品的结构组成及其宏观、微观物理特性）和性质（指产品的功能和性能）上基本完全一样。

（2）允许通过仿真等方式来镜像/反映对象的真实运行情况/状态。需要指出的是，此时的"孪生体"还是实物。

1.3.2 迈克尔·格里夫斯教授提出数字孪生体概念

2003年，迈克尔·格里夫斯教授在密歇根大学的产品全生命周期管理课程上提出了"与物理产品等价的虚拟数字化表达"的概念：一个或一组特定装置的数字复制品，能够抽象表达真实装置并可以此为基础进行真实条件或模拟条件下的测试。该概念源于对装置的信息和数据进行更清晰地表达的期望，希望能够将所有的信息放在一起进行更高层次的分析。虽然这个概念在当时并没有被称为数字孪生体[2003—2005年被称为"镜像的空间模型（Mirrored Spaced Model）"，2006—2010年被称为"信息镜像模型（Information Mirroring Model）"]，但是其概念模型却具备数字孪生体的所有组成要素，即物理空间、虚拟空间及两者之间的关联或接口，因此可以被认为是数字孪生体的雏形。2011年，迈克尔·格里夫斯教授在其书《几乎完美：通过产品全生命周期管理驱动创新和精益产品》中引用了其合作者约翰·维克斯描述该概念模型的

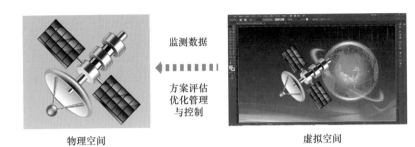

名词，也就是数字孪生体，并一直沿用至今。其概念模型（见图1-6）包括物理空间的实体产品、虚拟空间的虚拟产品、物理空间和虚拟空间之间的数据和信息交互接口。

图 1-6　数字孪生体概念模型

维克斯描述的数字孪生体概念模型极大地拓展了阿波罗项目中的"孪生体"概念（见图1-7）。

数字孪生体概念模型对阿波罗项目中的"孪生体"概念的扩展	
1	将"孪生体"数字化，采用数字化的表达方式建立一个与产品实体在外表、内容和性质上一样的虚拟产品。
2	引入虚拟空间，建立虚拟空间和实体空间的关联，彼此之间可以进行数据和信息的交互。
3	形象直观地体现了虚实融合、以虚控实的理念。
4	对"孪生体"概念进行扩展和延伸，除了产品以外，在虚拟空间针对工厂、车间、生产线、制造资源（工位、设备、人员、物料等）建立相对应的数字孪生体。

图 1-7　数字孪生体概念模型对阿波罗项目中的"孪生体"概念的扩展

受限于当时的科技条件，该概念模型在2003年提出时并没有引起国内外学者们的重视。但是随着科学技术和科研条件的不断改善，数字孪生的概念在模拟仿真、虚拟装配和3D打印等领域得到逐步扩展及应用。

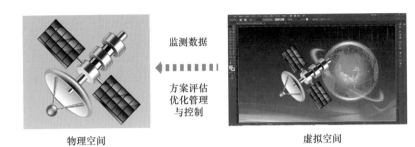

1.3.3　美国空军研究实验室（AFRL）提出利用数字孪生体解决战斗机机体的维护问题

美国空军研究实验室（AFRL）在 2011 年制定未来 30 年的长期愿景时吸纳了数字孪生的概念，希望做到在未来的每一架战机交付时可以一并交付对应的数字孪生体，并提出了"机体数字孪生体"的概念：机体数字孪生体作为正在制造和维护的机体的超写实模型，是可以用来对机体是否满足任务条件进行模拟和判断的，如图 1-8 所示。

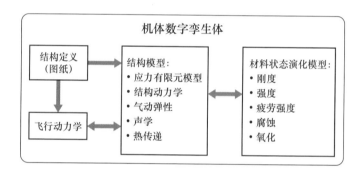

图 1-8　AFRL 提出利用数字孪生体解决战斗机机体的维护问题

机体数字孪生体是单个机身在产品全生命周期的一致性模型和计算模型，它与制造和维护飞行器所用的材料、制造规范及流程相关联，它也是飞行器数字孪生体的子模型。飞行器数字孪生体是一个包含电子系统模型、飞行控制系统模型、推进系统模型和其他子系统模型的集成模型。此时，飞行器数字孪生体从概念模型阶段步入初步的规划与实施阶段，对其内涵、性质的描述和研究也更加深入，体现在如图 1-9 所示的五个方面。

	飞行器数字孪生体 从概念模型阶段步入初步的规划与实施阶段的体现
1	突出了数字孪生体的层次性和集成性，例如飞行器数字孪生体、机体数字孪生体、机体结构模型、材料状态演化模型等，有利于数字孪生体的逐步实施及最终实现。
2	突出了数字孪生体的超写实性，包括几何模型、物理模型、材料状态演化模型等。
3	突出了数字孪生体的广泛性，即包括整个产品全生命周期，并从设计阶段延伸至后续的产品制造阶段和产品服务阶段。
4	突出了数字孪生体在产品全生命周期的一致性，体现了单一数据源的思想。
5	突出了数字孪生体的可计算性，可以通过仿真和分析来实时反映对应产品实体的真实状态。

图 1-9 飞行器数字孪生体从概念模型阶段步入初步的规划与实施阶段的体现

1.3.4 NASA 与 AFRL 的合作

2010 年，NASA 开始探索实时监控技术（Condition—Based Monitoring）。2012 年，面对未来飞行器轻质量、高负载及更加极端环境下的更长服役时间的需求，NASA 和 AFRL 合作并共同提出了未来飞行器的数字孪生体概念。针对飞行器、飞行系统或运载火箭等，他们将飞行器数字孪生体定义为：一个面向飞行器或系统集成的多物理、多尺度、概率仿真模型，它利用当前最好的可用物理模型、更新的传感器数据和历史数据等来反映与该模型对应的飞行实体的状态。

在合作双方于 2012 年对外公布的"建模、仿真、信息技术和处理"技术路线图中，将数字孪生列为 2023—2028 年实现基于仿真的系统工程的技术挑战，数字孪生体也从那时起被正式带入公众的视野当中。该定义可以认为是 NASA 和 AFRL 对其之前研究成果的一个阶段性总结，着重突出了数字孪生体的集成性、多物理性、多尺度性、概率性等特征，主要功能是能够实时反映与其对应的飞行产品的状态（延续了早期阿波罗项目"孪生体"的功能），使用的数据包括当时最好的可用产品物理模型、更新的传感器数据及产品组的历史数据等。

1.3.5 数字孪生技术先进性被多个行业借鉴吸收

2012 年，通用电气利用数字化手段实现资产业绩管理（Assets Performance Management，APM）。2014 年，随着物联网技术、人工智能和虚拟现实技术的不断发展，更多的工业产品、工业设备具备了智能的特征，而数字孪生也逐步扩展到了包括制造和服务在内的完整的产品全生命周期阶段，并不断丰富着自我形态和概念。但由于数字孪生高度的集成性、跨学科性等特点，很难在短时间内达到足够的技术成熟度，因此针对其概念内涵与应用实例的渐进式研究显得尤其重要。其中的典型成果是 NASA 与 AFRL 合作构建的 F-15 战斗机机体数字孪生体，目的是对在役飞机机体结构开展健康评估与损伤预测，提供预警并给出维修及更换指导。此外，通用电气计划基于数字孪生实现对发动机的实时监控和预测性维护；达索计划通过 3Dexperience 体验平台实现与产品的数字孪生互动，并以飞机雷达为例进行了验证。

虽然数字孪生概念起源于航空航天领域，但是其先进性正逐渐被其他行业借鉴吸收。基于建筑信息模型（Building Information Modelling，BIM）的研究构建了建筑行业的数字孪生；BIM、数字孪生、增强现实与核能设施的维护得以综合讨论；医学研究学者参考数字孪生思想构建"虚拟胎儿"用以筛查家族遗传病。

2017 年，美国知名咨询及分析机构 Gartner 将数字孪生技术列入当年十大战略技术趋势之中，认为它具有巨大的颠覆性潜力，未来 3 ~ 5 年内将会有数以亿件的物理实体以数字孪生状态呈现。

在中国，在"互联网＋"和实施制造强国的战略背景下，数字孪生在智能制造中的应用潜力也得到了许多国内学者的广泛关注，他们先后探讨了数字孪生的产生背景、概念内涵、体系结构、实施途径和发展趋势，数字孪生体在构型管理中的应用，以及提出了数字孪生车间（Digital Twin Workshop）的概念，并就如何实现制造物理世界和信息世界的交互共融展开了理论研究和实践探索。

总体来讲，目前数字孪生仍处于技术萌芽阶段，相关的理论、技术与应用成果较少，而具有实际价值可供参考借鉴的成果少之又少。

1.4 数字孪生技术的价值体现及意义

1.4.1 数字孪生技术的价值体现

数字孪生能为企业做什么？

技术的发展历来逃不开一个重要命题，那就是能否为企业创造实际价值。过去，创建数字孪生体的成本高昂，且收效甚微。随着存储与计算成本日益走低，数字孪生的应用案例与潜在收益大幅上涨，并转而提升商业价值。

在探析数字孪生的商业价值时，企业须重点考虑战略绩效与市场动态的相关问题，包括持续提升产品绩效、加快设计周期、发掘新的潜在收入来源，以及优化保修成本管理。可根据这些战略问题，开发相应的应用程序，借助数字孪生创造广泛的商业价值。如表 1-1 所示，列举了数字孪生各种类型的商业价值。

表 1-1 数字孪生的商业价值[6]

商业价值类型	潜在的商业价值
质量	• 提升整体质量 • 预测并快速发现质量缺陷趋势 • 控制质量漏洞，判断何时会出现质量问题
保修成本与服务	• 了解当前设备配置，优化服务效率 • 判断保修与索赔问题，以降低总体保修成本，并改善客户体验
运营成本	• 改善产品设计，有效实施工程变更 • 提升生产设备性能 • 减少操作与流程变化
记录保存与编序	• 创建数字档案，记录零部件与原材料编号，从而更有效地管理召回产品与质保申请，并进行强制追踪
新产品引进成本与交付周期	• 缩短新产品上市时间 • 降低新产品总体生产成本 • 有效识别交付周期较长的部件及其对供应链的影响
收入增长机会	• 识别有待升级的产品 • 提升效率，降低成本，优化产品

除了上述商业价值领域，数字孪生还可协助制造企业构建关键绩效指标。综合而言，数字孪生可用于诸多应用程序，以提升商业价值，并从根本上推动企业开展业务转型。其所产生的价值可运用切实结果予以检测，而这些结果则可追溯至企业关键指标。

如今，数字孪生越来越被各大厂商重视，并作为一种服务企业的解决方案和手段，可见其潜力巨大。

（1）模拟、监控、诊断、预测和控制产品在现实环境中的形成过程和行为。

如图 1-10 所示，工厂通过建立装配仿真，能让工程师更好地了解产品的结构及运行状态。

---

6 工业4.0新概念：《数字孪生——生产流程数字化让制造业如虎添翼》，https://www.iyiou.com/intelligence/insight65822.html。

图 1-10　装配仿真能让工程师更好地了解产品的结构及运行状态

（2）从根本上推进产品全生命周期高效协同并驱动持续创新（见图 1-11 ）。

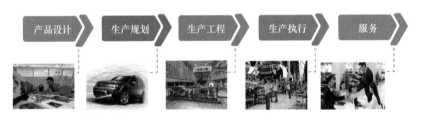

图 1-11　从根本上推进产品全生命周期高效协同并驱动持续创新

ANSYS 公司作为仿真领域的领导者，通过与通用电气密切合作，将其仿真软件与通用电气的工业数据及分析云端平台 Predix 进行集成，仿真能力与数据分析功能的结合能够帮助企业获得战略性的洞察力信息。

通用电气为每个引擎、每个涡轮、每台核磁共振制造一个数字孪生体，通过拟真的数字化模型在虚拟空间进行调试、试验，即可知道如何让机器效率达到最高，然后将最优化的方案应用于实体模型上（见图 1-12 ）。

图 1-12 利用数字孪生拟真的数字化模型实现方案最优化

（3）数字化产品全生命周期档案为全过程追溯和持续改进研发奠定了数据基础（见图 1-13）。

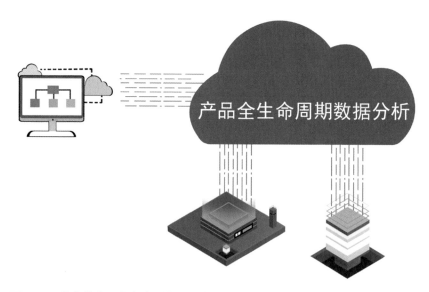

产品全生命周期数据分析

图 1-13 数字化产品全生命周期档案为全过程追溯和持续改进研发奠定数据基础

如图 1-14 所示是美国参数技术（PTC）公司的数字孪生方案：能够通过安在自行车上的装载感应器记录自行车的实际情况，例如所受外来压力、速度及地理位置改变等。

图 1-14　PTC 公司装载感应器记录自行车的实际情况

（4）创造价值趋向无限。

利用数字孪生，任何制造商都可以在数据驱动的虚拟环境中进行创建、生成、测试和验证，这种能力将成为其在未来若干年内的核心竞争力。

1.4.2　数字孪生技术的意义

自数字孪生的概念被提出以来，其技术在不断地快速演化，无论是对产品的设计、制造还是服务，都产生了巨大的推动作用。

今天的数字化技术正在不断地改变每一个企业。未来所有的企业都将数字化，这不只是要求企业开发出具备数字化特征的产品，更是指通过数字化手段改变整个产品全生命周期流程，并通过数字化的手段连接企业的内部和外部环境。

产品全生命周期的缩短、产品定制化程度的加强及企业必须同上下游建立起协同的生态环境，都迫使企业不得不采取数字化的手段来加速产品的开发速度，提高生产、服务的有效性，以及提高企业内外部环境的开放性。

数字孪生同沿用了几十年的、基于经验的传统设计和制造理念相去甚远，使设计人员可以不用通过开发实际的物理原型来验证设计理念，不用通过复杂的物理实验来验证产品的可靠性，不需要进行小批量试制就可以直接预测生产瓶颈，甚至不需要去现场就可以洞悉销售给客户的产品运行情况。因此，这种数字化转变对传统工业企业来说可能非常难以改变及适应，但这种方式确实是先进的、契合科技发展方向的，无疑将贯穿产品的生命周期，不仅可以加速产品的开发过程，提高开发和生产的有效性和经济性，更能有效地了解产品的使用情况并帮助客户避免损失，还能精准地将客户的真实使用情况反馈到设计端，实现产品的有效改进。

而所有的这一切，都需要企业具备完整的数字化能力，而其中的基础就是数字孪生。数字孪生技术的应用意义主要体现在如图 1-15 所示的 4 个方面。

数字孪生技术的应用意义
1　更便捷，更适合创新
2　更全面的测量
3　更全面的分析和预测能力
4　经验的数字化

图 1-15　数字孪生技术的应用意义

（1）更便捷，更适合创新。

数字孪生通过设计工具、仿真工具、物联网、虚拟现实等各种数字化的手段，将物理设备的各种属性映射到虚拟空间中，形成可拆解、可复制、可转移、可修改、可删除、可重复操作的数字镜像，这极大加速了操作人员对物理实体的了解，可以让很多原来由于物理条件限制、必须依赖于真实的物理实体而无法完成的操作方式（如模拟仿真、批量复制、虚拟装配等）成为触手可及的工具，更能激发人们去探索新的途径来优化设计、制造和服务。

（2）更全面的测量。

只要能够测量，就能够改善，这是工业领域不变的真理。无论是设计、制造还是服务，都需要精确地测量物理实体的各种属性、参数和运行状态，以实现精准的分析和优化。

但是传统的测量方法必须依赖价格昂贵的物理测量工具，如传感器、采集系统、检测系统等，才能够得到有效的测量结果，而这无疑会限制测量覆盖的范围，对于很多无法直接采集的测量值的指标往往爱莫能助。

而数字孪生则可以借助物联网和大数据技术，通过采集有限的物理传感器指标的直接数据，并借助大样本库，通过机器学习推测出一些原本无法直接测量的指标。例如，可以利用润滑油温度、绕组温度、转子扭矩等一系列指标的历史数据，通过机器学习来构建不同的故障特征模型，间接推测出发电机系统的健康指标。

（3）更全面的分析和预测能力。

现有的产品全生命周期管理很少能够实现精准预测，因此往往无法对隐藏在表象下的问题进行预判。而数字孪生可以结合物联网的数据采集、大数据的处理和人工智能的建模分析，实现对当前状态的评估、对过去发生问题的诊断，并给予分析的结果，模拟各种可能性，以及实现对未来趋势的预测，进而实现更全面的决策支持。

（4）经验的数字化。

在传统的工业设计、制造和服务领域，经验往往是一种捉摸不透的东西，很难将其作为精准判决的数字化依据。相比之下，数字孪生技高一筹，它的一大关键性进步就是可以通过数字化的手段，将原先无法保存的专家经验进行数字化，并可以保存、复制、修改和转移。

例如，针对大型设备运行过程中出现的各种故障特征，可以将传感器的历史数据通过机器学习训练出针对不同故障现象的数字化特征模型，并结合专家处理的记录，使其形成未来对设备故障状态进行精准判决的依据，并可针对不同的新形态的故障进行特征库的丰富和更新，最终形成自治化的智能诊断和判决[7]。

---

7 寄云科技：《一文读懂数字孪生的应用及意义》，http://www.clii.com.cn/lhrh/hyxx/201810/t20181008_3924192.html。

数字孪生
技术

第 2 章

2.1 数字孪生的相关领域

想要厘清数字孪生技术的内涵和体系架构，就需要梳理如图 2-1 所示的数字孪生的相关领域。

数字孪生的相关领域	
1	数字孪生与计算机辅助设计
2	数字孪生与产品全生命周期管理
3	数字孪生与物理实体
4	数字孪生与赛博物理系统
5	数字孪生与云端
6	数字孪生与工业互联网
7	数字孪生与车间生产
8	数字孪生与智能制造
9	数字孪生与工业边界
10	数字孪生与CIO

图 2-1　数字孪生的相关领域

2.1.1　数字孪生与计算机辅助设计

计算机辅助设计（Computer Aided Design，CAD）模型是在 CAD 完工之后形成的，是静态的。

在绝大多数场合中，CAD 模型就像象棋里面一个往前冲的小卒；数字孪生则不同，它与物理实体的产生是步步相连的，实体没有被制造出来时，也就没有相对应的数字孪生生成，就像一个放飞在天空中频频回头的风筝，两头抻着力。

在过去，三维模型在行使作用之后就被工程技术人员放在计算机的文档里"沉睡"。而数字孪生却是神通广大、不可小觑的。它是基于高保真的三维 CAD 模型，被赋予了各种属性和功能定义（包括材料、感知系统、机器运动机理等）；它的储存位置为一般图形数据库，而不是关系型数据库；它可以回收产品的设计、制造和运行的数据，再注入全新的产品设计模型中，使设计发生翻天巨变。

更值得一提的是，因为数字孪生在前期就可以具备识别异常的功能，从而在尚未生产的时候就能消除产品缺陷，所以用它取代以前昂贵的却又不得不用的原型成为可能甚至现实。

根据 IBM 的认知，数字孪生体就是物理实体的一个数字化替身，可以演化为万物互联的复杂的生态系统。它是一个动态的、有血有肉的、活生生的三维模型。可以说，数字孪生体是三维模型的进阶，也是物理原型的超级新替身。

2.1.2 数字孪生与产品全生命周期管理

产品全生命周期管理（Product Lifecycle Management，PLM），虽然号称为"全周期管理"，但就一个产品的设计、制造、服务的全过程而言，制造后期的管理往往戛然而止，导致大量在制造中执行的工程状态的更改数据往往无法返给研发设计师。那么产品一旦出厂，它的相关现状"无迹可寻",更无法通过 PLM 对其进行跟踪。

数字孪生的出现改变了这种窘态。它是对物理产品的全程（包括损耗和报废）进行的数字化呈现，使产品"全生命周期"透明化、自动化的管理概念得以变为现实。这意味着只有在工业互联网时代，全生命周期管理才能成为借助数字孪生、工业互联网等众多技术和商业模式合力实现的一个新的盈利模式。

2.1.3 数字孪生与物理实体

从理论上讲，数字孪生可以对一个物理实体进行全息复制。但在实际应用中，受企业对产品服务的定义深度的限制，它可能只截取了物理实体的一些小小的、动态的片段，只解决了某个方面的问题，例如，也许只是从一个机器的几百个零部件中提取几个来做数字孪生体。

数字孪生体与物理实体存在三种映射关系：

（1）一对一：一台机器对应一个数字孪生体；

（2）一对多：一个数字孪生体对应多个仪表；

（3）多对一：几个数字孪生体对应一台机器。

在某些场合，虚拟传感器可能比实体传感器更多。如图 2-2 所示，凯撒空气压缩机公司不仅售卖空气压缩机，还售卖空气压力。通过与其他工程设计软件公司合作建立的凯撒空气压缩机数字孪生体，可以实现图表与表单数据同源。数字孪生体可以被用来进行编程和编译，通过其对物理实体的控制，优化物理实体的状态及运营。

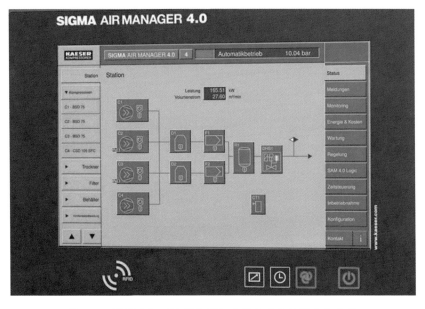

图 2-2　凯撒空气压缩机公司与合作方建立的数字孪生体

2.1.4　数字孪生与赛博物理系统

赛博物理系统（Cyber-Physical Systems，CPS）是一个包含计算、网络和物理实体的复杂系统，通过3C（Computing、Communication、Control）技术的有机融合与深度协作，通过人机交互接口实现与物理进程的交互，使赛博空间以远程、可靠、实时、安全、协作和智能化的方式操控一个物理实体。CPS 主要用于非结构化的流程自动化，把物理知识与模型整合到一起，通过实现系统的自我适应与自动配置，缩短循环时间，提升产品与服务质量。

数字孪生与 CPS 不同，它主要用于物理实体的状态监控及控制。数字孪生以流程为核心，CPS 以资产为核心。

在数字孪生与 CPS 的关系中有一个对工业 4.0 非常重要的支撑概

念——资产管理壳（Asset Administration Shell，AAS，见图 2-3）。它使物理资产有了数据描述，实现了与其他物理资产在数字空间的交互。

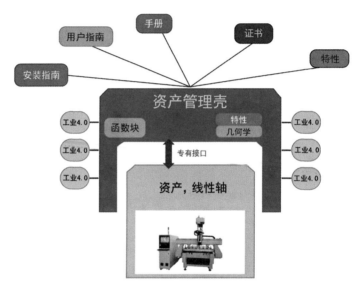

图 2-3　资产管理壳

资产管理壳是与物理资产相伴相生的软件层，包括数据和界面，是CPS 的物理层 P 与赛博层 C 进行交互的重要支撑部分。CPS 的关键点在于 Cyber，在于控制，在于与物理实体进行的交互。从这个意义层面而言，CPS 中的物理层 P——Physics，必须具有某种可编程性，与数字孪生体所对应的物理实体有相同的关系，依靠数字孪生来实现。在工业4.0 的 RAMI4.0 概念中，物理实体是指设备、部件、图纸文件、软件等。但是就目前而言，如何实现软件的数字孪生，特别是在软件运行时如何实现映射还是一个尚不明确的问题。

从德国 Drath 教授研究的 CPS 三层架构与数字孪生（见图 2-4）中可以解析出，数字孪生是 CPS 建设的一个重要基础环节。未来，数字孪生与资产管理壳可能会融合在一起。但数字孪生并非一定要用于 CPS，有的时候它不是用来控制流程的，而只是用来显示相关状态的信息。

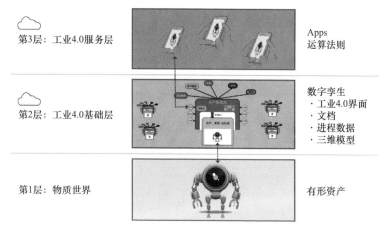

第3层：工业4.0服务层　　Apps　运算法则

第2层：工业4.0基础层　　数字孪生
・工业4.0界面
・文档
・进程数据
・三维模型

第1层：物质世界　　有形资产

图 2-4　CPS 三层架构与数字孪生

2.1.5　数字孪生与云端

在 Web3.0 里有云端的概念。云端软件平台采用虚拟化技术，集软件搜索、下载、使用、管理、备份等多种功能于一体，为网民搭建软件资源、软件应用和软件服务平台，改善目前软件的获取和使用方式，带给用户简单流畅、方便快捷的全新体验。一般来说，数字孪生体是放在云端的。

西门子倾向于将数字孪生看成是纯粹的基于云的资产，因为运行一个数字孪生需要的计算规模和弹性都很大。

SAP Leonardo 平台从挪威一家软件公司购买了一款三维软件，为数字孪生引入了一个云解决方案——预防性工程洞察力。采用该方案可以实现对那些从传感器得来的压力、张力和材料生效数据进行评估，从而帮助企业加强对设备的洞察。

通用电气、ANSYS 倾向于认为数字孪生体是一个包含边缘和云计算的混合模型。而美国的一家创新公司则开发了一套软件包，建立了直接面向边缘的数字孪生。这个数字孪生与常规数字孪生的云端概念的不同之处在于：它是根据实时进入的数据经过机器学习逐渐建立机器失效的概念，整个分析就在边缘端完成，不需要上传到网络端（见图 2-5）。

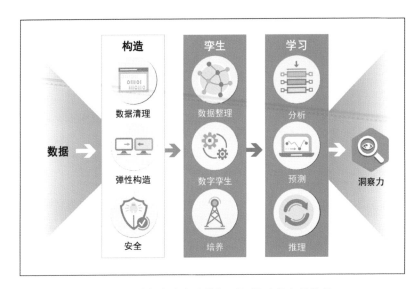

图 2-5　数字孪生在从数据到知识过程中的作用

可以看出，对于数字孪生而言，无论是云端还是线下的部署都同等重要。

2.1.6　数字孪生与工业互联网

从 Garnter 发布的 2017 年新兴技术成熟度曲线图（见图 2-6）上可以看出，数字孪生技术正处于冉冉上升的阶段。IDC 公司在 2017 年 11 月发布，到 2020 年全球排名前 2000 家的企业中将有 30% 使用工业互联网产品中的数字孪生来助力产品创新。

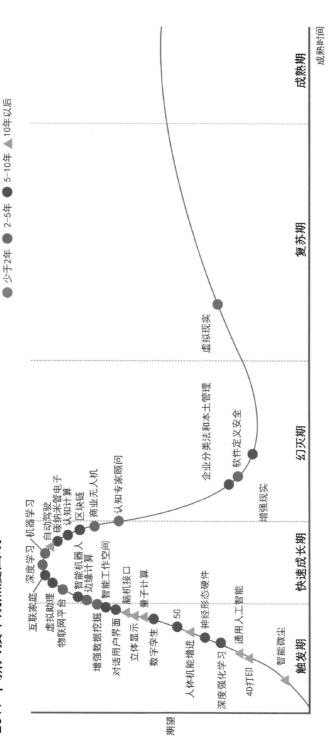

图 2-6　Gartner 发布的 2017 年新兴技术成熟度曲线图

虽然现在离数字孪生的普及应用尚早，但每一家企业都不能再逃避数字孪生现实技术的发展趋势。工业互联网天生具有双向通路的特征，是数字孪生的孵化床，物理实体的各种数据收集、交换，都要借助它来实现。工业互联网将机器、物理基础设施都连接到数字孪生上，并将数据的传递、存储分别放到边缘或者云端上。

可以说，工业互联网激活了数字孪生的生命，使数字孪生真正成为一个有生命力的模型。数字孪生是工业互联网的重要场景，核心是在合适的时间、合适的场景，做基于数据的、实时正确的决定，这意味着它可以更好地服务客户。数字孪生是工业 App 的完美搭档，一个数字孪生体可以支持多个工业 App。工业 App 利用数字孪生技术可以分析大量的 KPI 数据，包括生产效率、宕机分析、失效率、能源数据等，形成评估结果反馈并储存，使产品与生产的模式都可以得到优化。

2.1.7 数字孪生与车间生产

车间生产以流程为核心，而数字孪生是以资产为核心的。

利用数字孪生，可以对机器安装、生产线安装等建立一个庞大的、虚拟的仿真版本，通过将物理生产线在数字空间进行复制，提前对安装、中试的工艺进行仿真。对数字孪生体的记录和分析，在实际生产线安装时可以直接复制使用，从而大大降低安装成本，加速新产品的"落地生根"。同时，可以利用在机器调试中持续产生的数据波动（如能耗、错误比率、循环周期等）来优化生产，并且这些数据可以在后续的工厂和设备运行过程中发挥作用，提高生产效率。

值得一提地对生产线的利好是：在一些关键节点，数字孪生只需携带一部分信息而不需要完整的物料清单（Bill of Material，BOM，是以数据格式来描述产品结构的文件，是计算机可以识别的产品结构数据文件，也是企业资源计划的主导文件。BOM 使系统能够识别产品结构，是联系与沟通企业各项业务的纽带）。代工生产供应商要考虑的问题也不仅仅再局限于产品本身，而扩展到为多领域模型、传感器、边缘设备等软件配套。

2.1.8 数字孪生与智能制造

智能制造的范畴太宽泛，在智能制造中，智能生产、智能产品和智能服务，只要涉及智能，多多少少都会用到数字孪生。

数字孪生是智能服务的重要载体，与智能服务相关的三类数字孪生如图 2-7 所示。

与智能服务相关的三类数字孪生
1	**功能型数字孪生** 指示一个物体的基本状态，例如开关为满或者空。
2	**静态数字孪生** 通过收集原始数据用做后续分析，但尚没有建立分析模型。
3	**高保真数字孪生** 用来对一个实体做深入分析，检查包括环境在内的各项关键因素，用于预测和指示如何操作。

图 2-7　与智能服务相关的三类数字孪生

在过去，产品一旦交付给用户，公司各部门就"无事一身轻"，无人再放在心上，导致产品研发走上"断头路"。

数字孪生起源于设计、形成于制造，最后以服务的形式在用户端与制造商保持联系。智能制造的各个阶段都离不开数字孪生，现如今，通过数字孪生体，研发人员可以获取实体的反馈，得出最宝贵的优化方略，让产品不再受冷落。换言之，数字孪生体就是一个"测试沙盒"，许多全新的产品创意可以直接通过数字孪生传递给实体。数字孪生正逐渐成为一个数字化企业的标配。以德国雄克夹具公司为例，其将会为 5000 个标准产品均配置一个"数字孪生体"，其中的 50 个零部件已经进入建模阶段。

2.1.9　数字孪生与工业边界

对一个产品的全生命周期过程而言，数字孪生发源于创意阶段，CAD 设计从开始到物理产品实现，再到进入消费阶段的服务记录是持续更新的。然而，一个产品的制造过程本身也可能是一个数字孪生体，如工艺仿真、制造过程，都可以建立一个复杂的数字孪生体，进行仿真模拟，并记录真实数据进行交互。

产品的测试也是如此。在汽车自动驾驶领域，一个验证 5 级自动驾驶系统的实例即使不是最复杂的数字孪生应用，那也是非常重要的一个应用。如果没有数字仿真，要完成这样的验证，则需要完成 140 亿公里的实况测试，工程和成本都太浩大了。

对于一个工厂的建造，数字孪生同样可以发挥巨大作用。通过建筑信息模型和仿真手段，对工厂的水电气网及各种设施建立数字孪生体，实现虚拟工厂装配。并在真实厂房建造之后，继续跟踪记录厂房自身的变化。

数字孪生技术在厂房设施与设备的维护研究方面，已有西门子在 COMOS 平台建立了数字孪生体，并且与手机 App 呼应（见图 2-8）。这样，维修工人进入工厂，带着手机就可以地随时扫描 RFID 或者 QR 码，分析备件、文档和设备信息及维修状况，并将具体任务分配到人。

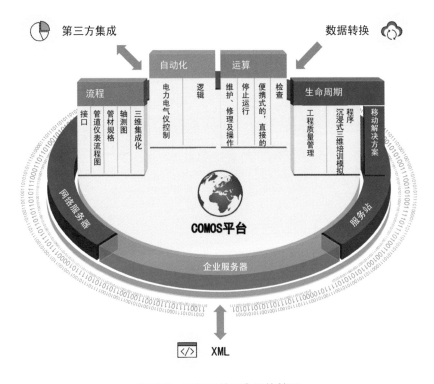

第三方集成　　　　　　　　　数据转换

自动化　　运算

流程　　　电力电气仪控制　逻辑　维护、修理及操作　停止运行　便携式的，直接的　检查　　生命周期　工程质量管理　程序　沉浸式三维培训模拟　移动解决方案

接口　管道仪表流程图　管材规格　轴测图　三维集成化

网络服务器　　　　　　　　COMOS平台　　　　　　　服务站

企业服务器

XML

图 2-8　西门子的厂房设施管理

　　同样，钻井平台、集装箱、航行的货船都可以建立一个对应的数字孪生体（见图 2-9）。

图 2-9　钻井平台的数字孪生体

　　数字孪生的应用范围其实比上述提到的领域还广阔得多，数字孪生体还可以是一个复杂的组织或城市——数字孪生组织（Digital Twin Organization，DTO），又可称为数字孪生企业（Digital Twin Enterprise，DTE）。例如，荷兰的软件公司 Mavim 能够提供数据孪生组织软件产品，把企业内部的每一个物理资产、技术、架构、基础设施、客户互动、业务能力、战略、角色、产品、服务、物流与渠道都连接起来，实现数据互联互通和动态可视。

　　又如，利用法国达索系统的 3DEXPERIENCE City，可以为新加坡城市建立一个完整的"数字孪生新加坡"（见图 2-10）。城市规划师可以利用数字影像更好地解决城市能耗、交通等问题；商店可以根据实际人流的情况调整营业时间；红绿灯也不再是以固定的时间间隔显示；突发事件的人群疏散都有紧急的实时预算模型；企业之间的采购、分销关系甚至都可以加进去，形成"虚拟社交企业"。

图 2-10　新加坡的数字孪生城市

　　在 2018 年斯皮尔伯格执导的电影《头号玩家》中，普通人可以通过 VR/AR 自由进入一个虚拟的城市消耗自己的情感，也可以随时退回到真实的社区延续虚拟世界的情感。而这一切，在现实世界中似乎变得越来越可行。

2.1.10 数字孪生与 CIO

根据 Gartner 的预测，到 2021 年有 50% 的大型企业使用数字孪生，首席信息官或信息主管（Chief Information Officer，CIO）一职将炙手可热。CIO 是负责一个公司信息技术和系统所有领域的高级官员，他们通过指导对信息技术的利用来支持公司的目标。

数字孪生聚焦于物理资产与以资产为核心的新业务模式，CIO 则习惯聚焦于流程提升和成本下降。CIO 是否能够独立应付建立数字孪生，是对其的一个严峻的考验。这不仅涉及经济方面的问题，还涉及商业模式和商业交付。例如，一个轮胎制造商在为用户交付一个轮胎的时候，必须同时交付一套数字孪生体及其支撑软件。这意味着在轮胎的合同里面会出现软件交付和数据交付条款，这是一个商业问题，而不再仅仅是企业信息化的问题。

除了需要企业的各个部门共同制定战略，还有很多的数字伦理问题需要企业跟合作伙伴及用户一起分析可能带来的结果。很显然，企业的数字孪生会影响到供应商、合作伙伴。这些，都不是 CIO 可以独自处理的事务。

2.2 数字孪生的技术体系

数字孪生技术的实现依赖于诸多先进技术的发展和应用，其技术体系按照从基础数据采集层到顶端应用层可以依次分为数据保障层、建模计算层、功能层和沉浸式体验层，从建模计算层开始，每一层的实现都建立在前面各层的基础之上，是对前面各层功能的进一步丰富和拓展。如图 2-11 所示为数字孪生的技术体系。

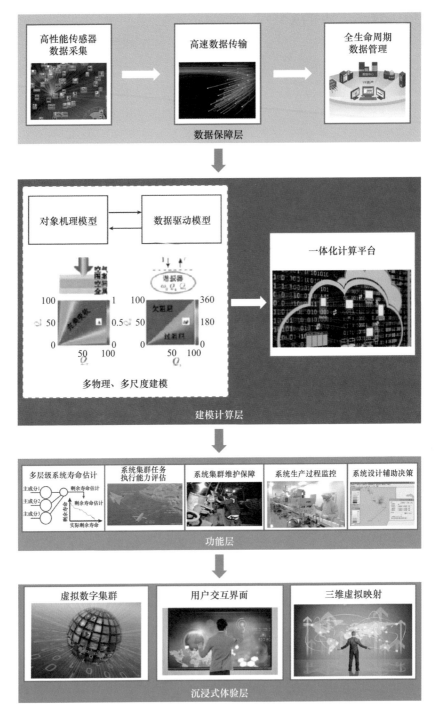

图 2-11 数字孪生技术体系

2.2.1　数据保障层

数据保障层是整个数字孪生技术体系的基础，支撑着整个上层体系的运作，其主要由高性能传感器数据采集、高速数据传输和全生命周期数据管理 3 个部分构成。

先进传感器技术及分布式传感技术使整个数字孪生技术体系能够获得更加准确、充分的数据源支撑；数据是整个数字孪生技术体系的基础，海量复杂系统运行数据包含用于提取和构建系统特征的最重要信息，与专家经验知识相比，系统实时传感信息更准确、更能反映系统的实时物理特性，对多运行阶段系统更具适用性。作为整个体系的最前沿部分，其重要性毋庸置疑。

高带宽光纤技术的采用使海量传感器数据的传输不再受带宽的限制，由于复杂工业系统的数据采集量庞大，带宽的扩大缩短了系统传输数据的时间，降低了系统延时，保障了系统实时性，提高了数字孪生系统的实时跟随性能。

分布式云服务器存储技术的发展为全生命周期数据的存储和管理提供了平台保障，高效率存储结构和数据检索结构为海量历史运行数据存储和快速提取提供了重要保障，为基于云存储和云计算的系统体系提供了历史数据基础，使大数据分析和计算的数据查询和检索阶段能够得以快速可靠地完成。

2.2.2　建模计算层

建模计算层主要由建模算法和一体化计算平台两部分构成，建模算法部分充分利用机器学习和人工智能领域的技术方法实现系统数据的深度特征提取和建模，通过采用多物理、多尺度的方法对传感数据进行多层次的解析，挖掘和学习其中蕴含的相关关系、逻辑关系和主要特征，实现对系统的超现实状态表征和建模，并能预测系统未来状态和寿命，依据其当前和未来的健康状态评估其执行任务成功的可能性。

2.2.3　功能层

功能层面向实际的系统设计、生产、使用和维护需求提供相应的功能，包括多层级系统寿命估计、系统集群执行任务能力的评估、系统集群维护保障、系统生产过程监控及系统设计辅助决策等功能。针对复杂系统在使用过程中存在的异常和退化现象，在功能层开展针对系统关键部件和子系统的退化建模和寿命估计工作，为系统健康状态的管理提供指导和评估依据。对于需要协同工作的复杂系统集群，功能层为其提供协同执行任务的可执行性评估和个体自身状态感知，辅助集群任务的执行过程决策。在对系统集群中每个个体的状态深度感知的基础上，可以进一步依据系统健康状态实现基于集群的系统维护保障，节省系统的维修开支及避免人力资源的浪费，实现系统群体的批量化维修保障。

数字孪生技术体系的最终目标是实现基于系统全生命周期健康状态的系统设计和生产过程优化改进，使系统在设计生产完成后能够在整个使用周期内获得良好的性能表现。

作为数字孪生技术体系的直接价值体现，功能层可以根据实际系统需要进行定制，在建模计算层提供的强大信息接口的基础上，功能层可以满足高可靠性、高准确度、高实时性及智能辅助决策等多个性能指标，提升产品在整个生命周期内的表现性能。

2.2.4 沉浸式体验层

沉浸式体验层主要是为使用者提供良好的人机交互使用环境，让使用者能够获得身临其境的技术体验，从而迅速了解和掌握复杂系统的特性和功能，并能够便捷地通过语音和肢体动作访问功能层提供的信息，获得分析和决策方面的信息支持。未来的技术系统使用方式将不再仅仅局限于听觉和视觉，同时将集成触摸感知、压力感知、肢体动作感知、重力感知等多方面的信息和感应，向使用者完全恢复真实的系统场景，并通过人工智能的方法让使用者了解和学习真实系统场景本身不能直接反映的系统属性和特征。

使用者通过学习和了解在实体对象上接触不到或采集不到的物理量和模型分析结果，能够获得对系统场景更深入的理解，设计、生产、使用、维护等各个方面的灵感将被激发和验证。

沉浸式体验层是直接面向用户的层级，以用户可用性和交互友好性为主要参考指标。图 2-12 引自 NASA 技术路线图，以数字孪生中的技术集成为例描述了数字孪生技术的广阔发展前景，重点解决与极端可靠性相关的技术需求，使数字孪生技术融入实际工程实践并不断发展。

沉浸式体验层通过集成多种先进技术，实现多物理、多尺度的集群仿真，利用高保真建模和仿真技术及状态深度感知和自感知技术构建目标系统的虚拟实时任务孪生体，持续预测系统健康、剩余使用寿命和任务执行成功率。虚拟数字集群是数字孪生体向实际工程实践发展的重要范例，对于满足未来成本可控情况下的高可靠性任务执行需求具有重要意义[8]。

---

8 刘大同，等：《数字孪生技术综述与展望》，《仪器仪表学报》2018年第11期。

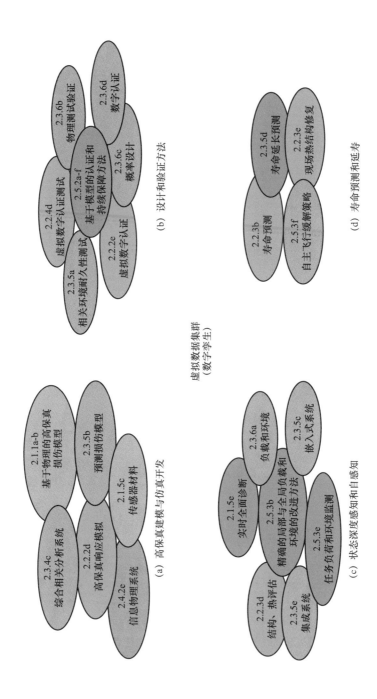

(a) 高保真建模与仿真开发

(b) 设计和验证方法

虚拟数据集集群
（数字孪生）

(c) 状态深度感知和自感知

(d) 寿命预测和延寿

图 2-12 数字孪生中的技术集成

2.3 数字孪生的核心技术

数字孪生的核心技术主要体现为 6 个方面，如图 2-13 所示。

数字孪生的核心技术	
1	多领域、多尺度融合建模
2	数据驱动与物理模型融合的状态评估
3	数据采集和传输
4	全生命周期数据管理
5	VR呈现
6	高性能计算

图 2-13 数字孪生的核心技术

2.3.1 多领域、多尺度融合建模

当前，大部分建模方法是在特定领域进行模型开发和熟化，然后在后期采用集成和数据融合的方法将来自不同领域的独立的模型融合为一个综合的系统级模型，但这种方法的融合深度不够且缺乏合理解释，限制了将来自不同领域的模型进行深度融合的能力。

多领域建模是指在正常和非正常情况下从最初的概念设计阶段开始实施，从不同领域、深层次的机理层面对物理系统进行跨领域的设计理解和建模。

多领域建模的难点在于，多种特性的融合会导致系统方程具有很大的自由度，同时传感器为确保基于高精度传感测量的模型动态更新，采集的数据要与实际的系统数据保持高度一致。总体来说，难点同时体现

在长度、时间尺度及耦合范围 3 个方面，克服这些难点有助于建立更加精准的数字孪生系统。

2.3.2　数据驱动与物理模型融合的状态评估

对于机理结构复杂的数字孪生目标系统，往往难以建立精确可靠的系统级物理模型，因而单独采用目标系统的解析物理模型对其进行状态评估无法获得最佳的评估效果。相比较而言，采用数据驱动的方法则能利用系统的历史和实时运行数据，对物理模型进行更新、修正、连接和补充，充分融合系统机理特性和运行数据特性，能够更好地结合系统的实时运行状态，获得动态实时跟随目标系统状态的评估系统。

目前将数据驱动与物理模型相融合的方法主要有以下两种。

（1）采用解析物理模型为主，利用数据驱动的方法对解析物理模型的参数进行修正。

（2）将采用解析物理模型和采用数据驱动并行使用，最后依据两者输出的可靠度进行加权，得到最后的评估结果。

但以上两种方法都缺少更深层次的融合和优化，对系统机理和数据特性的认知不够充分，融合时应对系统特性有更深入的理解和考虑。目前，数据与模型融合的难点在于两者在原理层面的融合与互补，如何将高精度的传感数据统计特性与系统的机理模型合理、有效地结合起来，获得更好的状态评估与监测效果，是亟待考虑和解决的问题。

无法有效实现物理模型与数据驱动模型的结合，还体现在现有的工业复杂系统和装备复杂系统全生命周期状态无法共享、全生命周期内的多源异构数据无法有效融合、现有的对数字孪生的乐观前景大都建立在对诸如机器学习、深度学习等高复杂度及高性能的算法基础上。将有越来越多的工业状态监测数据或数学模型替代难以构建的物理模型，但同时会带来对象系统过程或机理难于刻画、所构建的数字孪生系统表征性能受限等问题。

因此，有效提升或融合复杂装备或工业复杂系统前期的数字化设计及仿真、虚拟建模、过程仿真等，进一步强化考虑复杂系统构成和运行机理、信号流程及接口耦合等因素的仿真建模，是构建数字孪生系统必须突破的瓶颈。

2.3.3 数据采集和传输

高精度传感器数据的采集和快速传输是整个数字孪生系统的基础，各个类型的传感器性能，包括温度、压力、振动等都要达到最优状态，以复现实体目标系统的运行状态。传感器的分布和传感器网络的构建以快速、安全、准确为原则，通过分布式传感器采集系统的各类物理量信息表征系统的状态。同时，搭建快速可靠的信息传输网络，将系统状态信息安全、实时地传输至上位机供其应用，具有十分重要的意义。

数字孪生系统是物理实体系统的实时动态超现实映射，数据的实时采集传输和更新对数字孪生具有至关重要的作用。大量分布的各类型高精度传感器在整个孪生系统的前线工作，起着最基础的感官作用。

目前，数字孪生系统数据采集的难点在于传感器的种类、精度、可靠性、工作环境等各个方面都受到当前技术发展水平的限制，导致采集数据的方式也受到局限。数据传输的关键在于实时性和安全性，网络传输设备和网络结构受限于当前的技术水平无法满足更高级别的传输速率，网络安全性保障在实际应用中同样应予以重视。

随着传感器水平的快速提升，很多微机电系统（Micro-Electro-Mechanical System，MEMS）传感器日趋低成本化和高集成度，而如IoT这些高带宽和低成本的无线传输等许多技术的应用推广，能够为获取更多用于表征和评价对象系统运行状态的异常、故障、退化等复杂状态提供前提保障，尤其对于旧有复杂装备或工业系统，其感知能力较弱，距离构建信息物理系统（Cyber Physical System，CPS）的智能体系尚有较大差距。

许多新型的传感手段或模块可在现有对象系统体系内或兼容于现有系统，构建集传感、数据采集和数据传输于一体的低成本体系或平台，这也是支撑数字孪生体系的关键部分。

2.3.4　全生命周期数据管理

复杂系统的全生命周期数据存储和管理是数字孪生系统的重要支撑。采用云服务器对系统的海量运行数据进行分布式管理，实现数据的高速读取和安全冗余备份，为数据智能解析算法提供充分可靠的数据来源，对维持整个数字孪生系统的运行起着重要作用。通过存储系统的全生命周期数据，可以为数据分析和展示提供更充分的信息，使系统具备历史状态回放、结构健康退化分析及任意历史时刻的智能解析功能。

海量的历史运行数据还为数据挖掘提供了丰富的样本信息，通过提取数据中的有效特征、分析数据间的关联关系，可以获得很多未知但却具有潜在利用价值的信息，加深对系统机理和数据特性的理解和认知，实现数字孪生体的超现实属性。随着研究的不断推进，全生命周期数据将持续提供可靠的数据来源和支撑。

全生命周期数据存储和管理的实现需要借助于服务器的分布式和冗余存储，由于数字孪生系统对数据的实时性要求很高，如何优化数据的分布架构、存储方式和检索方法，获得实时可靠的数据读取性能，是其应用于数字孪生系统面临的挑战。尤其应考虑工业企业的数据安全及装备领域的信息保护，构建以安全私有云为核心的数据中心或数据管理体系，是目前较为可行的技术解决方案。

2.3.5　虚拟现实呈现

虚拟现实（VR）技术可以将系统的制造、运行、维修状态呈现出超现实的形式，对复杂系统的各个子系统进行多领域、多尺度的状态监测和评估，将智能监测和分析结果附加到系统的各个子系统、部件中，在完美复现实体系统的同时将数字分析结果以虚拟映射的方式叠加到所创造的孪生系统中，从视觉、声觉、触觉等各个方面提供沉浸式的虚拟现实体验，实现实时、连续的人机互动。VR技术能够帮助使用者通过数字孪生系统迅速地了解和学习目标系统的原理、构造、特性、变化趋势、健康状态等各种信息，并能启发其改进目标系统的设计和制造，为优化和创新提供灵感。通过简单地点击和触摸，不同层级的系统结构和状态会呈现在使用者面前，对于监控和指导复杂装备的生产制造、安全运行及视情维修具有十分重要的意义，提供了比实物系统更加丰富的信息和选择。

复杂系统的VR技术难点在于需要大量的高精度传感器采集系统的运行数据来为VR技术提供必要的数据来源和支撑。同时，VR技术本身的技术瓶颈也亟待突破和提升，以提供更真实的VR系统体验。

此外，在现有的工业数据分析中，往往忽视数据呈现的研究和应用，随着日趋复杂的数据分析任务以及高维、高实时数据建模和分析需求，需要强化对数据呈现技术的关注，这是支撑构建数字孪生系统的一个重要环节。

目前很多互联网企业都在不断推出或升级数据呈现的空间或软件包，工业数据分析可以在借鉴或借用这些数据呈现技术的基础上，加强数据分析可视化的性能和效果。

2.3.6　高性能计算

数字孪生系统复杂功能的实现在很大程度上依赖其背后的计算平台，实时性是衡量数字孪生系统性能的重要指标。因此，基于分布式计算的云服务器平台是系统的重要保障，优化数据结构、算法结构等提高系统的任务执行速度是保障系统实时性的重要手段。如何综合考量系统搭载的计算平台的性能、数据传输网络的时间延迟及云计算平台的计算能力，设计最优的系统计算架构，满足系统的实时性分析和计算要求，是应用数字孪生的重要内容。平台计算能力的高低直接决定系统的整体性能，作为整个系统的计算基础，其重要性毋庸置疑。

数字孪生系统的实时性要求系统具有极高的运算性能，这有赖于计算平台的提升和计算结构的优化。但是就目前来说，系统的运算性能还受限于计算机发展水平和算法设计优化水平，因此，应在这两方面努力实现突破，从而更好地服务于数字孪生技术的发展。

高性能数据分析算法的云化及异构加速的计算体系（如 CPU+GPU、CPU+FPGA）在现有的云计算基础上是可以考虑的，其能够满足工业实时场景下高性能计算的两个方面[9]。

9　刘大同，等：《数字孪生技术综述与展望》，《仪器仪表学报》2018年第11期。

2.4　数字孪生的创建

数字孪生能够为企业带来实际价值，创造新的收入来源，并帮助企业解决重要的战略问题。随着新技术能力的发展、灵活性的提升、成本的降低，企业能够以更少的资金投入到更短的时间内创建数字孪生体并产生价值。数字孪生在产品全生命周期内有多种应用形式，能够实时解决过去无法解决的问题，创造甚至几年前还不敢想象的价值。企业真正的问题或许并不在于是否应该着手部署数字孪生，而在于从哪个方面开始部署，如何在最短的时间内获得最大的价值，以及如何在竞争中脱颖而出。

2.4.1　创建数字孪生的两个重点

创建数字孪生的两个重点如图 2-14 所示：数字孪生流程设计与信息要求、数字孪生概念体系架构。

创建数字孪生的两个重点	
1	**数字孪生流程设计与信息要求** 从资产的设计到资产在真实世界中的现场使用和维护。
2	**数字孪生概念体系架构** 创建使能技术，整合真实资产及其数字孪生，使传感器数据与企业核心系统中的运营和交易信息实现实时流动。

图 2-14　创建数字孪生的两个重点

1. 数字孪生流程设计与信息要求

创建数字孪生，要先进行流程设计：使用标准的流程设计技术来展示业务流程、流程管理人员、业务应用程序、信息及物理资产之间如何进行交互，创建相关图表，连接生产流程与应用程序、数据需求及创建数字孪生所需的传感器信息类型。流程设计将通过多种特性获得增强，提升成本、时间和资产效益，这些构成了数字孪生的基础，数字孪生的增强效能也于此开始。

2. 数字孪生概念体系架构

通过创建使能技术，整合真实资产及其数字孪生，传感器数据与企业核心系统中的运营和交易信息实现实时流动。数字孪生概念体系架构可分为易于理解的六大步骤（见图 2-15）。

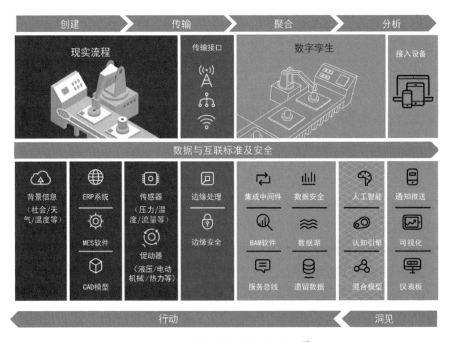

图 2-15 数字孪生概念体系架构[10]

（1）创建。创建步骤包括为物理过程配备大量传感器，以检测获取物理过程及其环境的关键数据。传感器检测到的数据经编码器转换为受保护的数字信息，并传输至数字孪生系统。传感器的信号可利用制造执行系统、企业资源规划系统、CAD 模型及供应链系统的流程导向型信息

10　德勤：《制造业如虎添翼：工业4.0与数字孪生》，融合论坛，2018。

进行增强，为数字孪生系统提供大量的持续更新的数据用以分析。

（2）传输。网络传输是促使数字孪生成为现实的重大变革之一，有助于现实流程和数字平台之间进行无缝、实时的双向整合／互联。传输包含了以下三大组成部分。

一是边缘处理。边缘接口连接传感器和历史流程数据库，在近源处处理其发出的信号和数据，并将数据传输至平台。这有助于将专有协议转换为更易于理解的数据格式，并减少网络传输量。

二是传输接口。传输接口将传感器获取的信息转移至整合职能。

三是边缘安全。最常用的安全措施包括采用防火墙、应用程序密钥、加密及设备证书等。

（3）聚合。聚合步骤支持将获得的数据存入数据储存库中，进行处理以备用于分析。数据聚合及处理均可在现场或云端完成。

（4）分析。在分析步骤中，将数据进行分析并作可视化处理。数据科学家和分析人员可利用先进的数据分析平台和技术开发迭代模型发掘洞见、提出建议，并引导决策过程。

（5）洞见。在洞见步骤中，通过分析工具发掘的洞见将通过仪表板中的可视化图表列示，用一个或更多的维度突出显示数字孪生模型和物理世界类比物性能中不可接受的差异，标明可能需要调查或更换的区域。

（6）行动。行动步骤是指前面几个步骤形成的可执行洞见反馈至物理资产和数字流程，实现数字孪生的作用。洞见经过解码后，进入物理资产流程上负责移动或控制机制的促动器，或在管控供应链和订单行为的后端系统中更新，这些均可进行人工干预，从而完成了物理世界与数字孪生之间闭环连接的最后一环。

需要注意的是，上述概念体系架构的设计应具备分析、处理、传感器数量和信息等各个方面的灵活性和可扩展性。这样，该架构便能在不断变化甚至指数级变化的市场环境中快速发展。

2.4.2 如何部署创建数字孪生

在打造数字孪生流程的过程中，一个最大的挑战在于确定数字孪生模型的最优方案。过于简单的模型无法实现数字孪生的预期价值，但是如果过于追求速度与广泛的覆盖面，则必将迷失在海量传感器、传感信号及构建模型必需的各种技术之中。因此，过于简单或过于复杂的模型都将让企业裹足不前，如图 2-16 所示是一个复杂程度适中的数字孪生初步部署模型示意图。

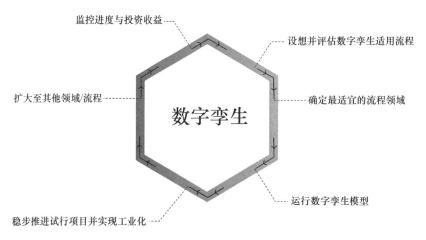

图 2-16　复杂程度适中的数字孪生初步部署模型示意图[11]

1. 设想可能性

设想并选出数字孪生可产生收益的系列方案。虽然不同的企业或在

11　德勤：《制造业如虎添翼：工业4.0与数字孪生》，融合论坛，2018。

不同的环境下，适用方案会有所不同，但通常都具备以下两大重要特点。

一是所设想的产品或生产流程对企业弥足珍贵，因此投资创建数字孪生体是万分必要的。

二是存在一些尚不明确的未知流程或产品问题，而这些有望为客户或企业创造价值。

2. 方案评估

在方案选定后对每个方案进行评估，从而确定可运用数字孪生快速获得收效的流程。建议集中召开构思会议，由运营、业务及技术领导层成员共同推进评估过程。

3. 确定流程

确定潜在价值最高且成功概率最大的数字孪生试用模型。综合考虑运营、商业、组织变革管理因素，以打造最佳的试运行方案。与此同时，重点关注有望扩大设备、选址或技术规模的领域。

4. 试运行项目

通过敏捷迭代周期，将项目迅速投入试行以加速学习进程，并通过有效管理风险实现投资收益的最大化。推进试行项目的过程中，实施团队应随时强调适应性与开放式思维，打造一个未知的开放式生态系统，而该系统可顺时应势整合新数据，并接纳新的技术与合作伙伴。

5. 实现流程工业化

在试运行项目有所斩获后，可立即运用现有工具、技术与脚本，将数字孪生开发与部署流程工业化。这一过程包括对企业各种零散的实施过程进行整合，实施数据湖，提升绩效与生产率，改善治理并将数据标准化，推进组织结构的变革，从而为数字孪生提供支持。

6. 扩大数字孪生规模

成功实现工业化后，应重点把握机会扩大数字孪生规模。目标应当锁定相近流程及与试运行项目相关的流程。借鉴项目试运行经验，采用试运行期间使用的工具、技术及脚本，快速扩大规模。

7. 监控与检测

对解决方案进行监控，客观检测数字孪生所创造的价值；确定循环周期内是否可产生切实收益，提升生产率、质量、利用率，降低偶发事件及成本；反复调试数字孪生流程，观察结果，以确定最佳配置方案。

更为重要的是，与传统项目不同，数字孪生并不会在有所收效后就戛然而止。企业若要长期在市场占据独特优势，应不断在新的业务领域进行尝试。

总而言之，能否在数字孪生创建之初收获成功，取决于是否有能力制定并推进数字孪生计划，同时确保其持续协助企业提升价值。为了实现这一目标，企业须将数字化技术与数字孪生渗透至整个组织结构，包括研发与销售，并运用数字孪生改变企业的业务模式及决策过程，从而源源不断地为企业开创新的收入来源[12]。

12　德勤中国：如何创建数字孪生，https://www2.deloitte.com/cn/zh/pages/consumer——industrial——products/articles/industry——4——0——and——the——digital——twin.html。

数字孪生
与工业 4.0

　　随着智能制造的发展，数字孪生一词的曝光率大为增加，并且已成为实现工业 4.0 的进程中极为重要的技术要素。

3.1　产品数字孪生体

3.1.1　产品数字孪生体的定义

　　综合考虑已有的产品数字孪生体的演化过程和相关解释，得出产品数字孪生体的定义：产品数字孪生体是指产品物理实体的工作状态和工作进展在信息空间的全要素重建及数字化映射，是一个集成的多物理、多尺度、超写实、动态概率仿真模型，可用来模拟、监控、诊断、预测、控制产品物理实体在现实环境中的形成过程、状态和行为。产品数字孪生体基于产品设计阶段生成的产品模型，并在随后的产品制造和产品服务阶段，通过与产品物理实体之间的数据和信息交互，不断提高自身的完整性和精确度，最终完成对产品物理实体的完全和精确的数字化描述。一些学者也将数字孪生体翻译为数字镜像、数字映射、数字孪生、数字双胞胎等。

　　通过产品数字孪生体的定义可以看出其内涵（见图 3-1）。

　　产品数字孪生体远远超出了数字样机（或虚拟样机）和数字化产品定义的范畴。产品数字孪生体不仅包含对产品的几何、功能和性能方面的描述，还包含对产品制造或维护过程等其他全生命周期的形成过程和状态的描述。数字样机（或虚拟样机）是指对机械产品整机或具有独立功能的子系统的数字化描述，其不仅反映了产品的几何属性，还至少在某一领域反映了产品的功能和性能。数字样机（或虚拟样机）形成于产品设计阶段，可应用于产品的全生命周期中，包括工程设计、制造、装配、检验、销售、使用、售后及回收等环节。

产品数字孪生体的内涵

1	产品数字孪生体是产品物理实体在信息空间中集成的仿真模型，是产品物理实体的全生命周期数字化档案，并实现产品全生命周期数据和全价值链数据的统一集成管理。
2	产品数字孪生体是通过与产品物理实体之间不断进行数据和信息交互而完善的。
3	产品数字孪生体的最终表现形式是产品物理实体的完整和精确的数字化描述。
4	产品数字孪生体可用来模拟、监控、诊断、预测和控制产品物理实体在现实物理环境中的形成过程和状态。

图 3-1　产品数字孪生体的内涵

相比而言，数字化产品是指对机械产品功能、性能和物理特性等进行数字化描述的活动。从数字样机（或虚拟样机）和数字化产品的内涵看，其主要侧重对产品设计阶段的几何、功能和性能方面的描述，没有涉及对产品制造或维护过程等其他全生命周期阶段的形成过程和状态的描述[13]。

3.1.2　产品数字孪生体的 4 个基本功能

产品数字孪生体的基本功能（见图 3-2）是模型映射、监控与操纵、诊断、预测。数字孪生的层次越高，对其功能的要求也就越高。

13　庄存波，等：《产品数字孪生体的内涵、体系结构及其发展趋势》，《计算机集成制造系统》2017年第23期。

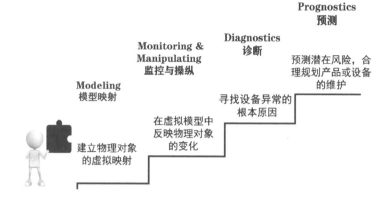

图 3-2 产品数字孪生体的 4 个基本功能

1. 模型映射

模型映射就是建立物理对象的虚拟映射。模型映射是数字孪生技术的最低层次，主要表现为建立实体模型的三维模型，并运用装配、动画等方式模拟零部件的运动方式。例如，通过建立数字三维模型，我们可以看到汽车在运行过程中发动机内部的每一个零部件、线路、接头等各个方面的数字化的变化，从而实现对产品的预防性维护（见图 3-3）。

图 3-3 汽车零部件装配模型映射

2. 监控与操纵

监控与操纵是指在虚拟模型中反映物理对象的变化。利用数字孪生可以实现对设备的监控和操作，把实体模型和虚拟模型连接在一起，通过虚拟模型反映物理对象的变化。比如，未来工厂中每个设备都拥有一个数字孪生体，通过它，我们可以精确地了解这些实体设备的运行方式（见图3-4）。通过数字模型与实体设备的无缝匹配，可以实时获取设备监控系统的运行数据，从而实现故障预判和及时维修。

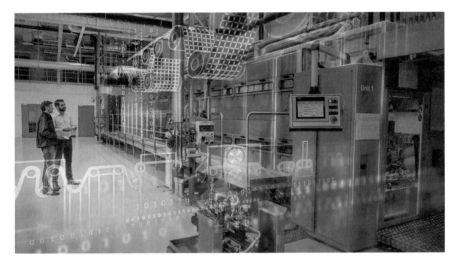

图 3-4 工厂运行状态的监控与操纵

监控只是数字孪生技术的初级应用，控制才是数字孪生技术最重要的应用场景。通过数字模型，我们在未来可以实现设备的远程操控，而"远程辅助""远程操作""远程紧急命令"都将成为企业日常管理的常用词汇。

3. 诊断

通过数字孪生可以寻找设备发生异常的根本原因。监控与诊断 / 预测的区别在于监控允许调整控制输入，并获得系统响应，但在过程中无法改变系统自身的设计，而诊断／预测允许调整设计输入。

例如，中仿科技有限公司开发了一款车辆驾驶性评价系统。在车辆行驶测试中，系统会通过在车辆上安装的传感器感知车上的各种信号，并根据这些信号在仿真模型里打分，根据分值来判断车辆行驶过程中的舒适度（见图3-5）。通过这种客观的评价方式，避免了因不同人的主观感受不同所造成的评价差异。

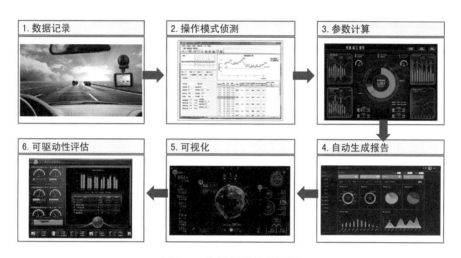

图 3-5　车辆驾驶性的诊断

4. 预测

预测位于数字孪生技术的最高层级，可以帮助企业预测潜在风险，合理规划产品或用于设备的维护。目前，各大企业在产品的预测性维修及维护方面都实现了大量应用。比如，通用电气为每个引擎、每个涡轮、每台核磁共振创造一个数字孪生体，通过这些拟真的数字化模型在虚拟空间进行调试、试验。要让机器效率达到最高，只需将最优方案应用于实体模型上（见图3-6）。通过数字孪生技术，企业可以合理规划产品，避免浪费大量的实体验证时间及成本。

图 3-6　通用电气借助数字孪生优化机器效率 [14]

3.1.3　产品数字孪生体的基本特性

产品数字孪生体的基本特性如图 3-7 所示。

图 3-7　产品数字孪生体的基本特性

1. 虚拟性

产品数字孪生体是实体产品在信息空间的一个虚拟的、数字化的映射模型，它属于信息空间（或虚拟空间），而不属于物理空间。

2. 唯一性

一个物理产品对应一个产品数字孪生体。

14　e-works：《Digital Twin 的主要作用及应用场景》，http://articles.e-works.net.cn/plmoverview/Article139176_1.htm。

3. 多物理性

产品数字孪生体是基于物理特性的实体产品数字化映射模型，不仅需要描述实体产品的几何特性（如形状、尺寸、公差等），还需要描述实体产品的多种物理特性（结构动力学模型、热力学模型、应力分析模型、疲劳损伤模型及产品组成材料的刚度、强度、硬度等材料特性）。

4. 多尺度性

产品数字孪生体不仅能描述实体产品的宏观特性（如几何尺寸），也能描述实体产品的微观特性（如材料的微观结构、表面粗糙度等）。

5. 层次性

组成最终产品的不同组件、部件、零件等都可以具有其对应的数字孪生体，例如，飞行器数字孪生体包括机架数字孪生体、飞行控制系统数字孪生体、推进控制系统数字孪生体等，而这些有利于产品数据和产品模型的层次化和精细化管理，以及产品数字孪生体的逐步实现。

6. 集成性

产品数字孪生体是多种物理结构模型、几何模型、材料模型等各个方面的多尺度、多层次集成模型，有利于从整体上对产品的结构特性和力学特性进行快速仿真与分析。

7. 动态性

产品数字孪生体在全生命周期各阶段会通过与产品实体的交互而得到不断改变和完善。例如，在产品制造阶段采集的产品制造数据（如检测数据、进度数据）会反映在虚拟空间的数字孪生体中，实现对产品制造状态和过程的实时、动态和可视化监控。

8. 超写实性

产品数字孪生体与其映射的物理产品在外观、内容、性质上基本完全一致，拟实度高，能够准确反映物理产品的真实状态。

9. 可计算性

基于产品数字孪生体，可以通过仿真、计算和分析来实时模拟和反映对应物理产品的状态和行为。

10. 概率性

产品数字孪生体允许采用概率统计的方式进行计算和仿真。

11. 多学科性

产品数字孪生体具有多学科性，涉及计算科学、信息科学、机械工程、电子科学、物理等多个学科的交叉和融合。

3.1.4 产品数字孪生体的核心价值

1. 产品全生命周期和全价值链的数据中心

产品数字孪生体以产品为载体，涉及产品全生命周期从概念设计贯通到详细设计、工艺设计、制造，以及后续的使用、维护和报废 / 回收等各个阶段。

一方面，产品数字孪生体是产品全生命周期的数据中心，其本质的提升是实现了单一数据源和全生命周期各阶段的信息贯通。

另一方面，产品数字孪生体是全价值链的数据中心，其本质的提升不仅在于共享信息而且在于全价值链的无缝协同。如跨区域、跨时区厂商协同设计和开发，与上下游进行装配的仿真，在客户的虚拟使用环境中进行产品测试和改进等。

2. 产品全生命周期管理的扩展和延伸

产品全生命周期管理强调通过产品物料清单（Bill of Material，BOM），包括设计 BOM、工艺 BOM、制造 BOM、销售 BOM 等及彼此之间的关联实现对产品的管理。

而产品数字孪生体不仅强调通过单一产品模型贯通产品全生命周期各阶段的信息，还为产品开发、产品制造、产品使用和维护、工程更改及协同合作厂商提供单一数据源。另外，产品数字孪生体将产品制造和产品服务各方面的数据与产品模型相关联，使企业不仅可以更加高效地利用产品数据来优化和改进产品的设计，同时还可以利用产品数字孪生体来预测和控制产品实体在现实环境中的形成过程及状态，从而真正形成全价值链数据的统一管理和有效利用。因此，产品数字孪生体可以说是对产品全生命周期管理的扩展和延伸。

3. 面向制造与装配的产品设计模式的演化和扩展

传统的面向制造与装配的设计模式（Design for Manufacture and Assembly，DFM&A）通过采用设计和工艺一体化，在设计过程中将制造过程的各种要求和约束（包括加工能力、经济精度、工序能力等）融合至设计建模过程中，采用有效的建模和分析手段，从而保证设计结果与制造的方便和经济。产品数字孪生体同样支持在产品设计阶段就通过建模、仿真及优化手段来分析产品的可制造性，同时支持产品性能和产品功能的测试与验证，并通过产品历史数据、产品实际制造数据和使用维护数据等来优化和改进产品的设计。其目标之一就是面向产品全生命周期的产品设计，是面向制造与装配的产品设计模式的一种演化和扩展。

4. 产品建模、仿真与优化技术的下一次浪潮

在过去的几十年间，仿真技术一直被片面地作为一个计算机工具被工程师用来解决特定的设计和工程问题。美国在"2010 年及以后的美国国防制造业"计划中，将基于建模和仿真的设计工具列为优先发展的四种重点能力之一。近年来，随着基于模型的系统工程（Model-based System Engineering，MBSE）的出现和发展，产品建模与仿真技术获得了新的发展，其核心概念是"通过仿真进行交流"。目前，仿真技术仍然被认为是产品开发部门的一个工具。

随着产品数字孪生体的出现和发展，仿真技术将作为一个核心的产品 / 系统功能应用到随后的生命周期阶段（如在实体产品之前完成交付、仿真驱动辅助的产品使用支持等）。而产品数字孪生体则能够促进建模、仿真与优化技术无缝集成到产品全生命周期中的各个阶段（如通过与产品使用数据的直接关联来支持产品的使用和服务等），使产品建模、仿真与优化技术得到进一步发展。

5. 强调以虚控实、虚实融合

产品数字孪生体的基本功能就是反映 / 镜像对应产品实体的真实状态和真实行为，达到以虚控实、虚实融合的目的。一方面，产品数字孪生体根据实体空间传来的数据进行自身数据完善、融合和模型构建；另一方面，通过展示、统计、分析与处理这些数据实现对实体产品及其周围环境的实时监控和控制。

值得指出的是，虚实深度融合是实现以虚控实的前提条件。产品实体的生产是基于虚拟空间的产品模型定义，而虚拟空间产品模型的不断演化及决策的生成都是基于在实体空间采集并传递而来的数据开展的。

3.2 数字孪生体与生命周期管理

3.2.1 数字孪生体的体系结构

目前，国内外对产品数字孪生体的系统性研究成果较少。以下从产品全生命周期的角度分析了产品数字孪生体的数据组成、实现方式、作用及目标，提出了一种产品数字孪生体的体系结构，如图3-8所示。

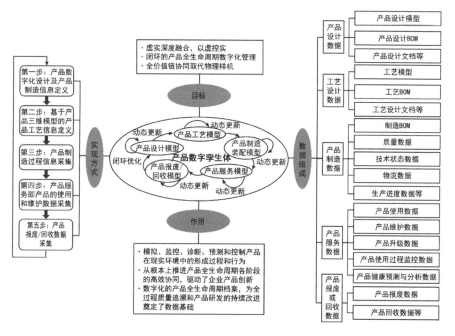

图 3-8　产品数字孪生体的体系结构示意图

3.2.2 数字孪生体在生命周期各阶段的表现形态

1. 产品设计阶段

在产品的设计阶段，利用数字孪生可以提高设计的准确性，并验证产品在真实环境中的性能。这个阶段的数字孪生体主要包括以下两个功能。

（1）数字模型设计。构建一个全三维标注的产品模型，包括"三维设计模型 + 产品制造信息（Product Manufacturing Information，PMI）+ 关联属性"等。具体来说就是 PMI 包括了物理产品的几何尺寸、公差，以及三维注释、表面粗糙度、表面处理方法、焊接符号、技术要求、工艺注释及材料明细表等，关联属性包括零件号、坐标系统、材料、版本、日期等。

（2）模拟和仿真。通过一系列可重复、可变参数、可加速的仿真实验，验证产品在不同外部环境下的性能和表现，在设计阶段就能验证产品的适应性。

例如，在汽车设计过程中，由于对节能减排的要求，达索帮助包括宝马、特斯拉、丰田在内的汽车公司利用其 CAD 和 CAE 平台 3D Experience，准确进行空气动力学、流体声学等方面的分析和仿真，在外形设计方面通过数据分析和仿真，大幅度提升产品流线性，减少了空气阻力（见图 3-9）。

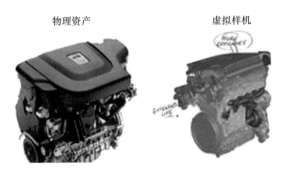

图 3-9　数字孪生在产品设计阶段的应用

2. 工艺设计阶段

在"三维设计模型 + PMI + 关联属性"的基础上，实现基于三维产品模型的工艺设计。具体的实现步骤包括三维设计模型转换、三维工艺过程建模、结构化工艺设计、基于三维模型的工装设计、三维工艺仿真验证及标准库的建立，最终形成基于数模的工艺规程（Model Based Instructions，MBI），具体包括工艺 BOM、三维工艺仿真动画、关联的工艺文字信息和文档[15]。

3. 生产制造阶段

在生产制造阶段，主要实现产品档案（Product Memory）或产品数据包（Product Data Package），即制造信息的采集和全要素重建，包含制造 BOM（Manufacture BOM，MBOM）、质量数据、技术状态数据、物流数据、产品检测数据、生产进度数据、逆向过程数据等的采集和重建，主要包括如图 3-10 所示的三个功能。

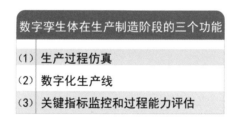

图 3-10　数字孪生体在生产制造阶段的三个功能

（1）生产过程仿真。在产品生产之前就可以通过虚拟生产的方式来模拟在不同产品、不同参数、不同外部条件下的生产过程，实现对产能、效率及可能出现的生产瓶颈等问题的预判，加速新产品导入过程的准确性和快速化。

（2）数字化生产线。将生产阶段的各种要素，如原材料、设备、工艺配方和工序要求，通过数字化的手段集成在一个紧密协作的生产过程

15　庄存波，等：《产品数字孪生体的内涵、体系结构及其发展趋势》，《计算机集成制造系统》2017年第23期。

中，并根据既定的规则自动完成不同条件组合下的操作，实现自动化的生产过程。同时，记录生产过程中的各类数据，为后续的分析和优化提供可靠的依据。

（3）关键指标监控和过程能力评估。通过采集生产线上的各种生产设备的实时运行数据，实现全部生产过程的可视化监控，并且通过经验或机器学习建立关键设备参数、检验指标的监控策略，对出现违背策略的异常情况进行及时处理和调整，实现稳定并不断得到优化的生产过程。

例如，相关科技公司为盖板电子玻璃生产线构建的在线质量监控体系，充分采集了冷端和热端的设备产生的数据，并通过机器学习获得流程生产过程中关键指标的最佳规格，设定相应的 SPC 监控告警策略，并通过相关性分析，在几万个数据采集点中实现对特定的质量异常现象的诊断分析。

4. 产品服务阶段

随着物联网技术的成熟和传感器成本的下降，从大型装备到消费级的很多工业产品，都使用了大量的传感器来采集产品运行阶段的环境和工作状态，并通过数据分析和优化来减少甚至避免产品的故障，改善用户对产品的使用体验。在这个阶段中，数字孪生体可以实现如图3-11 所示的三个功能。

数字孪生体在产品服务阶段的三个功能
（1）　远程监控和预测性维修
（2）　优化客户的生产指标
（3）　产品使用反馈

图 3-11　数字孪生体在产品服务阶段的三个功能

（1）远程监控和预测性维修。通过读取智能工业产品的传感器或者控制系统的各种实时参数，构建可视化的远程监控，并根据采集的历史数据构建层次化的部件、子系统乃至整个设备的健康指标体系，使用人工智能实现趋势预测。

基于预测结果，对维修策略、备品／备件的管理策略进行优化，降低和避免客户因为非计划停机带来的损失和矛盾。

（2）优化客户的生产指标。对于需要依赖工业装备来实现生产的客户而言，工业装备参数设置的合理性及在不同生产条件下的适应性决定了客户产品的质量等级和交付周期的长短。

工业装备厂商可以通过采集海量数据，构建针对不同应用场景、生产过程的经验模型，帮助客户优化参数配置，改善客户的产品质量和生产效率。

（3）产品使用反馈。

通过采集智能工业产品的实时运行数据，工业装备厂商可以洞悉客户对产品的真实需求，不仅能够帮助客户缩短新产品的导入周期、避免产品错误使用导致的故障、提高产品参数配置的准确性，更能够精确把握客户的需求，从而避免研发决策失误。

例如，寄云科技为石油钻井设备提供的预测性维修和故障辅助诊断系统，不仅能够实时采集钻机不同的关键子系统，如发电机、泥浆泵、绞车、顶驱的各种关键指标数据，更能够根据历史数据的发展趋势对关键部件的性能进行评估，并根据部件性能预测的结果，调整和优化维修策略。同时，还能够根据对钻机实时状态的分析对其效率进行评估和优化，能够有效提高钻井的投入产出比。如图 3-12 所示为数字孪生体在产品服务阶段的应用。

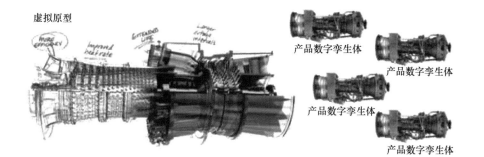

图 3-12　数字孪生体在产品服务阶段的应用

5. 产品报废 / 回收阶段

此阶段主要记录产品的报废 / 回收数据，包括产品报废 / 回收原因、产品报废 / 回收时间、产品实际寿命等。当产品报废 / 回收后，该产品数字孪生体包括的所有模型和数据都将成为同种类型产品组历史数据的一部分进行归档，为下一代产品的设计改进和创新、同类型产品的质量分析及预测、基于物理的产品仿真模型和分析模型的优化等提供数据支持。

将上述的五个阶段进行综合，可以发现产品数字孪生体的实现方法有如图 3-13 所示的三个特点。

产品数字孪生体实现方法的三个特点	
（1）	面向产品全生命周期，采用单一数据源实现物理空间和信息空间的双向连接
（2）	产品档案要能够实现所有件都可以追溯（如实做物料），也要能够实现质量数据（如实测尺寸、实测加工/装配误差、实测变形）、技术状态（如技术指标实测值、实做工艺等）的追溯
（3）	在产品制造完成后的服务阶段，仍要实现与物理产品的互联互通，从而实现对物理产品的监控、追踪、行为预测及控制、健康预测与管理等，最终形成一个闭环的产品全生命周期数据管理

图 3-13　产品数字孪生体实现方法的三个特点

3.2.3 数字孪生体在生命周期各阶段的实施途径

1. 产品设计阶段

作为物理产品在虚拟空间中的超写实动态模型，为了实现产品数字孪生体，首先要有一种便于理解的、准确的、高效的，以及能够支持产品设计、工艺设计、加工、装配、使用和维修等产品全生命周期各个阶段的数据定义和传递的数字化表达方法。近年来兴起的数字产品定义（Model Based Definition，MBD）技术是解决这一难题的有效途径，因此成为实现产品数字孪生体的重要手段之一。

MBD 是使用三维实体模型及其关联数据来对产品进行定义的方法论。这些数据的集合也被称为三维数字化数据集，包括总体尺寸、几何尺寸和公差、组件材料、特征和几何关系链接、轮廓外形、设计意图、物料清单和其他细节。MBD 技术使产品的定义数据能够驱动整个制造过程下游的各个环节，充分体现了产品的并行协同设计理念和单一数据源思想，这正是数字孪生体的本质之一。如图 3-14 所示为 MBD 模型内容结构。

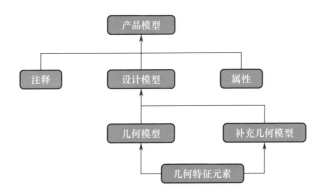

图 3-14　MBD 模型内容结构

MBD 模型主要包括以下两类数据。

一是几何信息，即产品的设计模型。

二是非几何信息，存放于规范树中，与三维设计软件配套的 PDM 软件一起负责存储和管理该数据。

最后，在实现基于三维模型的产品定义后，需要基于 MBD 模型进行工艺设计、工装设计、生产制造过程，甚至产品功能测试与验证过程的仿真和优化。

为了确保仿真及优化结果的准确性，至少需要保证如图 3-15 所示的三个关键。

确保仿真及优化结果的准确性的三个关键
（1） 产品虚拟模型的高精确度／超写实性
（2） 仿真的准确性和实时性
（3） 模型轻量化技术

图 3-15　确保仿真及优化结果的准确性的三个关键

（1）产品虚拟模型的高精确度／超写实性。产品的建模不仅需要关注产品的几何特征信息（形状、尺寸和公差），还需要关注产品的物理特性（如应力分析模型、动力学模型、热力学模型及材料的刚度、塑性、柔性、弹性、疲劳强度等）。通过使用人工智能、机器学习等方法，基于同类产品组的历史数据实现对现有模型的不断优化，使产品虚拟模型更接近于现实世界物理产品的功能和特性。

（2）仿真的准确性和实时性。可以采用先进的仿真平台和仿真软件，例如仿真商业软件 ANSYS 和 Abaqus 等。

（3）模型轻量化技术。模型轻量化技术是实现产品数字孪生体的关键技术。

首先，模型轻量化技术大大降低了模型的存储大小，使产品工艺设计和仿真所需要的几何信息、特征信息和属性信息可以直接从三维模型中提取，而不需要附带其他不必要的信息。

其次，模型轻量化技术使产品可视化仿真、复杂系统仿真、生产线仿真及基于实时数据的产品仿真成为可能。

最后，轻量化的模型降低了系统之间的信息传输时间、成本和速度，促进了价值链"端到端"的集成、供应链上下游企业间的信息共享、业务流程集成及产品协同设计与开发。

2. 产品制造阶段

产品数字孪生体的演化和完善是通过与产品实体的不断交互开展的。在产品的生产制造阶段，物理现实世界将产品的生产实测数据（如检测数据、进度数据、物流数据）传递至虚拟世界中的虚拟产品并实时展示，实现基于产品模型的生产实测数据监控和生产过程监控（包括设计值与实测值的比对、实际使用物料特性与设计物料特性的比对、计划完成进度与实际完成进度的比对等）。另外，基于生产实测数据，通过物流和进度等智能化的预测与分析，实现质量、制造资源、生产进度的预测与分析；智能决策模块根据预测与分析的结果制定相应的解决方案并反馈给实体产品，从而实现对实体产品的动态控制与优化，达到虚实融合、以虚控实的目的。

因此，如何实现复杂动态的实体空间的多源异构数据实时准确采集、有效信息提取与可靠传输是实现产品数字孪生体的前提条件。近几年，物联网、传感网、工业互联网、语义分析与识别等技术的快速发展为此提供了一套切实可行的解决方案。另外，人工智能、机器学习、数据挖掘、高性能计算等技术的快速发展，为此提供了重要的技术支持。下面以装配过程为例，建立如图 3-16 所示的面向制造过程的数字孪生体实施框架。鉴于装配生产线是实现产品装配的载体，该架构同时考虑了产品数字孪生体和装配生产线数字孪生体。

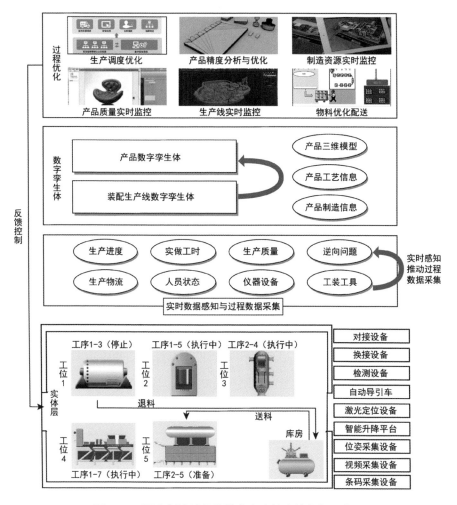

图 3-16　面向制造过程的数字孪生体实施框架示意图

3. 产品服务阶段

在此阶段仍然需要对产品的状态进行实时跟踪和监控，包括产品的物理空间位置、外部环境、质量状况、使用状况、技术和功能状态等，并根据产品实际状态、实时数据、使用和维护记录数据对产品的健康状况、寿命、功能和性能进行预测与分析，并对产品质量问题提前预警。同时，当产品出现故障和质量问题时，能够实现产品物理位置的快速定位、故障和质量问题记录及原因分析、零部件更换、产品维护、产品升级甚至报废、退役等。

一方面，在物理空间采用物联网、传感技术、移动互联技术将与物理产品相关的实测数据（如最新的传感数据、位置数据、外部环境感知数据等）、产品使用数据和维护数据等关联映射至虚拟空间的产品数字孪生体。另一方面，在虚拟空间采用模型可视化技术实现对物理产品使用过程的实时监控，并结合历史使用数据、历史维护数据、同类型产品相关历史数据等，采用动态贝叶斯、机器学习等数据挖掘方法和优化算法，实现对产品模型、结构分析模型、热力学模型、产品故障和寿命预测与分析模型的持续优化，使产品数字孪生体和预测分析模型更加精确、仿真预测结果更加符合实际情况。对于已发生故障和质量问题的物理产品，采用追溯技术、仿真技术实现质量问题的快速定位、原因分析、解决方案生成及可行性验证等，最后将生成的最终结果反馈给物理空间，指导产品质量排故和追溯等。与产品制造过程类似，产品服务过程中数字孪生体的实施框架主要包括物理空间的数据采集、虚拟空间的数字孪生体演化及基于数字孪生体的状态监控和优化控制[16]。

3.3 大型软件制造商对数字孪生的理解

随着物联网技术、人工智能和虚拟现实技术的不断发展，数字孪生

---

16 庄存波，等：《产品数字孪生体的内涵、体系结构及其发展趋势》，《计算机集成制造系统》2017年第23期。

被广泛应用于制造业领域，国际数据公司（IDC）表示，现今有40%的大型软件制造商都会应用虚拟仿真技术为生产过程建模，数字孪生已成为制造企业迈向工业4.0的解决方案。

自数字孪生概念诞生以来，如何准确地翻译这个词汇，成了业界关注的焦点内容之一。各大软件制造品牌商也提出了各自对于数字孪生的理解，并将其与自身业务融合，致力于打造出现实世界与虚拟世界融合的解决方案。

3.3.1　西门子

2016年，西门子收购了全球工程仿真软件供应商CD-adapco，软件解决方案涵盖流体力学（Computational Fluid Dynamics，CFD）、固体力学（Compatibility Support Module，CSM）、热传递、颗粒动力学、进料流、电化学、声学及流变学等广泛的工程学科。西门子引用数字孪生来形容贯穿于产品全生命周期各环节间一致的数据模型。

西门子对数字孪生概念有独到的理解。

（1）西门子工业软件大中华区DER总经理戚锋博士说："要发现潜在问题、激发创新思维、不断追求优化进步，这才是数字孪生的目标所在。"他表示，数字孪生的实现有两个必要条件，即一套集成的软件工具和三维形式表现。

（2）西门子数字化工厂集团首席执行官Jan Mrosik博士则表示，数字孪生就是仿真模拟一些工厂的实际操作空间（如生产线），仿真得非常真实而精确，"它可清晰地告诉我们，最终这个系统是否在现实当中能承受各种条件，取得成功"。

（3）西门子数字化工厂集团工业软件全球资深副总裁兼大中华区董事总经理梁乃明先生认为，制造业变革归根结底要回归基础，即保证速度、灵活性、效率、质量和安全，而实现这一切的关键驱动力是通过"数字化双胞胎"实现虚拟世界与物理世界的融合，西门子的"数字孪生"则是从产品设计到生产线设计、OEM 的机械设计、工厂的规划排产，再到制造执行，以及最后的产品大数据对产品、工厂、工厂云、产品云的监控。

CD-adapco 软件，加上西门子自有的多学科仿真产品 Simcenter，可以将仿真和物理测试、智能报告、数据分析技术相结合，更好地帮助客户创建数字孪生，更准确地预测产品开发过程中各阶段的产品性能。

西门子完整的仿真软件和测试解决方案组合，不仅能为西门子的数字化战略和系统驱动的产品开发提供支持，还能推进产品开发各阶段的创新，为其实现数字孪生战略打下坚实的基础。

3.3.2　通用电气

2016 年 11 月 16 日，通用电气宣布与 ANSYS 合作，共同打造基于模型的数字孪生技术。通过此次合作，ANSYS 可以与通用电气的数字部门、全球研究部门和产业部门一起，携手扩展并整合 ANSYS 的物理工程仿真、嵌入式软件研发平台与通用电气的 Predix 平台，从而在多种不同产业领域发挥数字孪生解决方案的作用。将数字孪生解决方案从边缘扩展到云端，不仅可加速实现 ANSYS 仿真价值、推动 Predix 平台的应用，还能为探索突破性商业模型和商业关系创造新的机遇

（见图 3-17）。

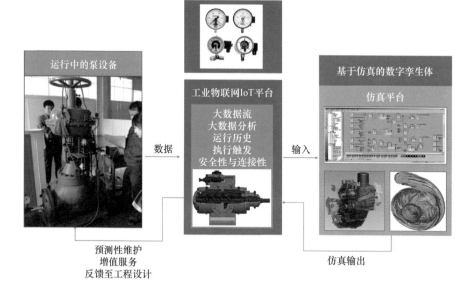

图 3-17　通用电气数字孪生技术示意图

　　例如，每个引擎、每个涡轮、每台核磁共振，都拥有一个"数字孪生"，工程师可以在计算机上清晰地看到机器运行的每一个细节。通过这些数字化模型，可以在虚拟环境下实现机器人调试、试验，优化其运行状态。随后，只需要将最佳方案应用在物理世界的机器上，就能节省大量的维修、调试成本。

　　在通用电气 90 发动机上应用数字孪生技术后，大修次数减少，节省了上千万元的成本；在铁路上应用数字孪生技术后，大大提升了燃油效率，同时降低了排放。到 2020 年，预计将有 1 万台燃气轮机、6.8 万个飞机引擎、1 亿支照明灯泡和 1.52 亿台汽车连入工业互联网。

　　通用电气数字部门的 Predix 分析平台首席架构师 Marc Thomas Schmidt 指出："数字孪生体最令人振奋的一个方面是我们能研究一个单独的产品系统，例如风力涡轮机，并将这个产品孤立起来。这里说的不是一般的涡轮机类别，而是特定的某个涡轮机。我们可以研究影响产品的天气模式、产品的叶片角度、能量输出，并对这部分机械进行优化。如果我们在现场对所有产品系统进行这样的研究，想象一下这对整体产品性能的影响有多大。这无疑代表了产品工程的一次革命。"

通用电气与 ANSYS 的合作，表明了仿真技术不再仅仅只是作为工程师设计更出色的产品和降低物理测试成本的利器，通过打造数字孪生，将仿真技术的应用扩展到各个运营领域，甚至涵盖产品的健康管理、远程诊断、智能维护、共享服务等应用。例如，通过日益智能化的工业设备所提供的丰富的传感器数据与仿真技术强大的预测性功能"双剑合璧"，帮助企业分析特定的工作条件并预测故障点，从而在生产和维护优化方面节约成本[17]。

3.3.3　PTC

美国参数技术（PTC）公司 CEO Jim Heppelmann 认为，当产品全生命周期管理（PLM）流程能够延伸到产品应用的现场，再回溯到下一个设计周期，就建立了一个闭环的产品设计系统流程，并且能实现在产品出现故障之前进行预测性维修。而 PTC 公司则将其作为主推的"智能互联产品"的关键性环节：智能产品的每一个动作，都会返回设计师的桌面，从而实现实时的反馈与革命性的优化策略。

PTC 公司希望将技术与解决方案结合在一起，通过预测变化和交付商业成功所需的正确工具箱，将技术与解决方案结合在一起来满足制造业对数字化的需求，强调智能互联产品的开发、产品服务和全球监管，帮助客户克服面临的各种挑战，使制造业客户更具有竞争力。PTC 公司正在建立一系列覆盖产品全生命周期的解决方案，从产品构建的最初概念到成

17　e-works：《从仿真的视角认识数字孪生》，http://www.sohu.com/a/195717460_488176。

千上万个产品的现场使用情况，最后将信息应用于下一代产品的设计研发阶段。

3.3.4　甲骨文

甲骨文认为数字孪生是一个非常重要的概念，随着物联网在企业中的应用逐步深入，数字孪生将成为企业业务运营的战略。

甲骨文物联网云通过如图 3-18 所示的三种方式全面实施数字孪生技术。

甲骨文物联网云全面实施数字孪生的三种方式	
1	**Virtual Twin** 通过设备虚拟化，超越简单的JSON文档枚举观察值和期望值。
2	**Predictive Twin** 通过使用各种技术构建的模型模拟实际产品的复杂性来解决问题。
3	**Twin Projections** 将数字孪生体生成的洞察投影到用户的后端商业应用程序上，使物联网成为用户业务基础架构的一个组成部分。

图 3-18　甲骨文物联网云全面实施数字孪生技术的三种方式

3.3.5　SAP

SAP 的数字孪生系统基于 SAP Leonardo 平台，通过在数字世界中打造一个完整的"数字化双胞胎"实现了实时的工程和研发。

在产品的使用阶段，SAP 数字孪生系统通过采集和分析设备的运行状况，得出产品的实际性能，再与需求设计的目标进行比较，形成产品研发的闭环体系。这对于产品的数字化研发和产品创新具有非常重要的意义。

SAP 和三菱机器人共同推出了闭环的数字化产品管理（见图 3-19），用来推动企业的产品创新进程。具体来讲，SAP 推出了进行产品需求定义的模块，由此指导对应的产品研发和设计任务，并通过基于内存计算和大数据分析的产品成本测算系统进行成本分析，从而指导产品的开发；再进入到数字化开发阶段，进行机械、电气、电子、设计等系统的集成；最后进入到 SAP 的网上订货系统，通过三维界面的实时进行机器人互动设计[18]。

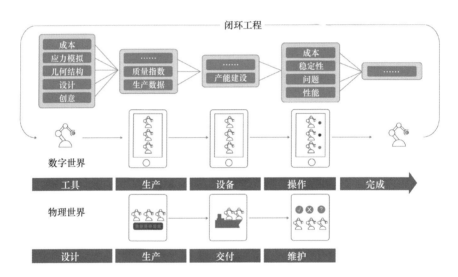

图 3-19　SAP 和三菱机器人共同推出闭环的数字化产品管理

3.4　数字孪生生产的发展趋势

3.4.1　拟实化

产品数字孪生体是物理产品在虚拟空间的真实反映，产品数字孪生

18　e-words：《Digital Twin 的 8 种解读》，https://www.cnblogs.com/aabbcc/p/10000117.html。

体在工业领域应用的成功程度取决于产品数字孪生体的逼真程度，即拟实化（见图3-20）程度。产品的每个物理特性都有其特定的模型，包括计算流体动力学模型、结构动力学模型、热力学模型、应力分析模型、疲劳损伤模型及材料状态演化模型（如材料的刚度、强度、疲劳强度演化等）。如何将这些基于不同物理属性的模型关联在一起，是建立产品数字孪生体继而充分发挥产品数字孪生体模拟、诊断、预测和控制作用的关键。基于多物理集成模型的仿真结果能够更加精确地反映和镜像物理产品在现实环境中的真实状态和行为，使在虚拟环境中检测物理产品的功能和性能并最终替代物理样机成为可能，并且能够解决基于传统方法（每个物理特性所对应的模型是单独分析的，没有耦合在一起）预测产品健康状况和剩余寿命所存在的时序和几何尺度等问题。例如，美国空军研究实验室构建了一个集成了不同物理属性的机体数字孪生体，从而实现了对机体寿命的精准预测。因此，多物理建模将是提高产品数字孪生体拟实化、充分发挥数字孪生体作用的重要技术手段。

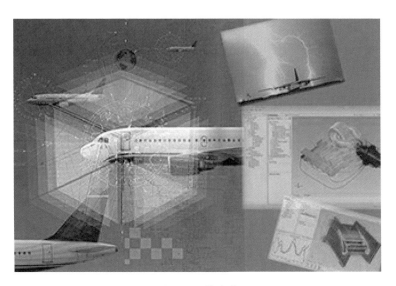

图 3-20　拟实化

3.4.2 全生命周期化

现阶段，有关产品数字孪生体的研究主要侧重于产品设计或售后服务阶段，较少涉及产品制造。而 NASA 和 AFRL 通过构建产品数字孪生体，在产品使用／服役过程中实现对潜在质量问题的准确预测，使产品在出现质量问题时能够实现精准定位和快速追溯。如图 3-21 所示为产品全生命周期化。

图 3-21　产品全生命周期化

未来，产品数字孪生体在产品制造阶段的研究与应用将会是一个热点。例如，在产品制造阶段将采集到的制造过程数据与产品数字孪生体中对应的"单位模型"及"单位信息处理模型"相关联，实现虚拟产品与物理产品的关联映射，形成的三维模型不仅能在屏幕上显示，还可以从多个维度与物理产品进行互动，如高亮显示需要注意的异常点、自动完成实测数据和设计数据的比对、自动验证／分析后续操作的可行性等。

这种虚拟产品和物理产品之间的实时互动将会在产品的制造阶段带

来效率的提高和质量的提升。以导引头光学系统的精度分析为例，在导引头光学系统的生产过程中，一方面，检测系统将采集到的检测数据实时传递给虚拟空间中的产品数字孪生体，基于产品数字孪生体展示实测数据及设计理论数据并进行直观比对；另一方面，基于实测数据计算和分析加工误差和装调误差，可以通过调用产品数字孪生体内的工艺参数计算模块来确定工艺补偿量，并根据系统的稳定性和一致性要求对加工误差和装调误差进行实时补偿和控制，再根据工艺补偿确定整体系统补偿量，驱动执行机构发出指令，通过装配操作完成工艺补偿；也可以通过优化装配参数，基于现有的实测数据预测最终光学系统的光学性能和抗振动、温冲能力，并根据预测结果做出决策。

又如，基于物联网、工业互联网、移动互联等新一代信息与通信技术，实时采集和处理生产现场产生的过程数据（如仪器设备运行数据、生产物流数据、生产进度数据、生产人员数据等），并将这些过程数据与产品数字孪生体和生产线数字孪生体进行关联映射和匹配，能够在线对产品制造过程进行精细化管控（包括生产执行进度的管控、产品技术状态的管控、生产现场物流的管控及产品质量的管控等）；结合智能云平台及动态贝叶斯、神经网络等数据挖掘和机器学习算法，实现对生产线、制造单元、生产进度、物流、质量的实时动态优化与调整。

3.4.3 集成化

数字纽带技术作为产品数字孪生体的使能技术，用于实现产品数字孪生体全生命周期各阶段模型和关键数据的双向交互，是实现单一产品数据源和产品全生命周期各阶段高效协同的基础。美国国防部将数字纽带技术作为数字制造最重要的基础技术，工业互联网联盟也将数字纽带作为工业互联网联盟需要着重解决的关键性技术。当前，产品设计、工艺设计、制造、检验、使用等各个环节之间仍然存在断点，并未完全实现数字量的连续流动；MBD 技术的出现虽然加强和规范了基于产品三维模型的制造信息描述，但仍主要停留于产品设计阶段和工艺设计阶段，需要向产品制造 / 装配、检验、使用等阶段延伸。并且，现阶段的数字量流动是单向的，需要数字纽带技术实现双向流动。因此，数字纽带和数字孪生体集成化（见图 3–22）是未来的发展趋势。

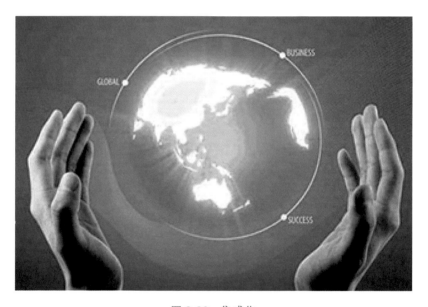

图 3-22　集成化

3.4.4　与增强现实技术的融合

增强现实（AR）技术是一种实时地计算摄影机影像的位置及角度并加上相应图像的技术，这种技术的目标是在屏幕上把虚拟世界套在现实世界上并进行互动。将 AR 技术引入产品的设计过程和生产过程，在实际场景的基础上融合一个全三维的浸入式虚拟场景平台，通过虚拟外设，开发人员、生产人员在虚拟场景中所看到的和所感知到的均与实体的物质世界完全同步，由此可以通过操作虚拟模型来影响物质世界，实现产品的设计、产品工艺流程的制定、产品生产过程的控制等操作。AR 技术通过增强我们的见、闻、触、听，打破人与虚拟世界的边界，加强人与虚拟世界的融合，进一步模糊真实世界与计算机所生成的虚拟世界的界限，使人可以突破屏幕中的二维世界而直接通过虚拟世界来感受和影响实体世界，AR 技术与产品数字孪生体的融合将是数字化设计与制造技术、建模与仿真技术、虚拟现实技术未来发展的重要方向之一，是更高层次的虚实融合[19]。

19　庄存波，等：《产品数字孪生体的内涵、体系结构及其发展趋势》，《计算机集成制造系统》2017年第23期。

数字孪生城市

数字孪生城市是数字孪生技术在城市层面的广泛应用，通过构建与城市物理世界、网络虚拟空间的一一对应、相互映射、协同交互的复杂巨系统，在网络空间再造一个与之匹配、对应的孪生城市，实现城市全要素数字化和虚拟化、城市全状态实时化和可视化、城市管理决策协同化和智能化。

综上所述，数字孪生城市的本质是实体城市在虚拟空间的映射，也是支撑新型智慧城市建设的复杂综合技术体系，更是物理维度上的实体城市和信息维度上的虚拟城市的同生共存、虚实交融的城市未来发展形态。

4.1 数字孪生城市概念的兴起

城市发展至今还存在诸多的问题，现实状态证实了传统的发展模式越来越不可取，以信息化为引擎的数字城市、智慧城市成为城市发展的新理念和新模式。

以我国为例，智慧城市建设经历了三次浪潮（见图 4-1）。

1. 2008—2012 年：概念导入期

在这个阶段，我国智慧城市经历了第一次浪潮。该时期的智慧城市建设以行业应用为驱动，重点技术包括无线通信、光纤宽带、HTTP、

GIS、GPS 技术等，信息系统以单个部门、单个系统、独立建设为主要方式，形成大量信息孤岛，信息共享多采用"点对点"的自发共享方式。产业力量较为单一，由国外软件系统集成商引入概念后主导智慧城市产业发展。

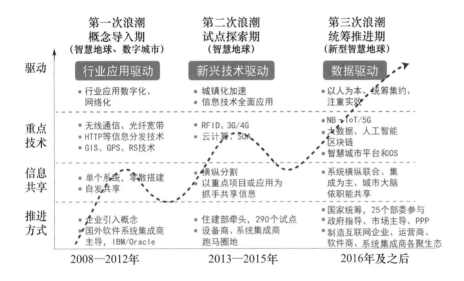

图 4-1　我国智慧城市发展的三次浪潮[20]

2. 2013—2015 年：试点探索期

智慧城市开始走出中国特色道路，掀起第二次浪潮。该阶段在中国城镇化加速发展的大背景下，重点推进 RFID、3G/4G、云计算、SOA 等信息技术全面应用，系统建设呈现横纵分割特征，信息共享基于共享交换平台、以重点项目或协同型应用为抓手。在推进主体上，由住房和城乡建设部牵头，在全国选取了 290 个试点，广泛探索智慧城市建设路径和模式。国内外软件制造商、系统集成商、设备商等积极参与各环节建设。

3. 2016 年及之后：统筹推进期

2016 年，国家提出新型智慧城市概念，强调以数据为驱动，以人

20　来源：中国信息通信研究院。

为本、统筹集约、注重实效，重点技术包括 NB-IoT、5G、大数据、人工智能、区块链、智慧城市平台和操作系统等。信息系统向横纵联合大系统方向演变，信息共享方式从运动式向依职能共享转变。在推进方式上，由25 个国家部委全面统筹，在市场方面由电信运营商、软件制造商、系统集成商、互联网企业各聚生态，逐步形成政府指导、市场主导的格局。

虽然数字城市的概念提出由来已久，但之前的概念并没有上升到数字孪生的高度，这与技术发展的阶段有关。如今，数字孪生城市的内涵真正体现了数字城市想要达到的愿景和目标。智慧城市是城市发展的高级阶段，数字孪生城市作为城市发展的目标，是智慧城市建设的新起点，赋予了城市实现智慧化的重要设施和基础能力；它是在技术驱动下的城市信息化从量变走向质变的里程碑，由点到线、由线到面，基于数字化标识、自动化感知、网络化连接、智能化控制、平台化服务等强大技术能力，使数字城市模型能够完整地浮出水面，作为一个孪生体与物理城市平行运转，虚实融合，蕴含无限创新空间。

对于我国智慧城市发展的第三次浪潮，可以充分利用数字孪生技术，基于立体感知的动态监控、基于泛在网络的及时响应、基于软件模型的实时分析和城市智脑的科学决策，解决城市规划、设计、建设、管理、服务闭环过程中的复杂性和不确定性问题，全面助力提高城市物质资源、智力资源、信息资源配置效率和运转状态，实现智慧城市的内生发展动力。

4.2 数字孪生城市的四大特点

数字孪生城市具有如图 4-2 所示的四大特点。

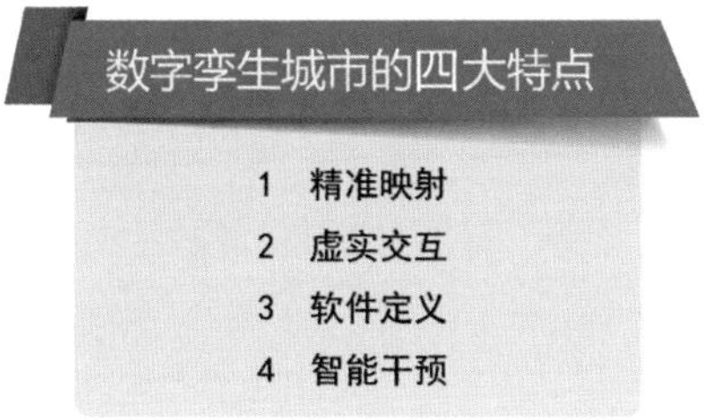

图 4-2　数字孪生城市的四大特点

4.2.1　精准映射

数字孪生城市通过空中、地面、地下、河道等各层面的传感器布设，实现对城市道路、桥梁、井盖、灯杆、建筑等基础设施的全面数字化建模，以及对城市运行状态的充分感知、动态监测，形成虚拟城市在信息维度上对实体城市的精准信息表达和映射。

4.2.2　虚实交互

城市基础设施、各类部件建设都留有痕迹，城市居民、来访人员上网联系即有信息。在未来的数字孪生城市中，在城市实体空间可观察各类痕迹，在城市虚拟空间可搜索各类信息，城市规划、建设及民众的各类活动，不仅在实体空间，而且在虚拟空间也得到了极大扩充，虚实融合、虚实协同将定义城市未来发展的新模式。

4.2.3　软件定义

数字孪生城市针对物理城市建立相对应的虚拟模型，并以软件的方式模拟城市人、事、物在真实环境下的行为，通过云端和边缘计算，软性指引和操控城市的交通信号控制、电热能源调度、重大项目周期管理、基础设施选址建设。

4.2.4　智能干预

通过在"数字孪生城市"上规划设计、模拟仿真等，对城市可能产生的不良影响、矛盾冲突、潜在危险进行智能预警，并提供合理可行的对策建议，以未来视角智能干预城市原有的发展轨迹和运行，进而指引和优化实体城市的规划、管理，改善市民服务供给，赋予城市生活"智慧"[21]。

4.3　数字孪生城市的服务形态及典型场景

4.3.1　服务形态

1. 服务场景

城市中所有的服务场景都将在网络空间映射出一个虚拟场景，并以三维可视化形式在城市大脑中呈现如图 4-3 所示的服务场景的静态、动态两类信息。

数字孪生城市的服务场景	
(1)	**静态信息** 包括位置、面积等空间地理类信息，楼层、房间等建筑类信息，水电气热等管线信息及电梯等设备信息。
(2)	**动态信息** 包括温度与湿度等环境信息、能源消耗信息、设备运行信息、人流信息等。

图 4-3　数字孪生城市的服务场景

21　陈才：《数字孪生城市服务的形态与特征》，《CAICT信息化研究》。

此外，服务场景不仅包含政府服务大厅、博物馆、图书馆、医院、养老院、学校、体育场、购物中心、社区服务中心等固定场景，也包括公交车、地铁等移动场景。原本线下的活动，如去政务大厅办事、观看体育比赛和演唱会、去图书馆借阅、去博物馆参观、去购物中心采购、去学校上课等，都可以通过数字孪生系统及虚拟现实等技术，全部转为在线上完成。这样的转变，在交通、时间、财力等各项成本减少的同时，活动的体验并未受影响。数字孪生服务不同于以往简单的线上服务，在场景设置、业务流程、服务效能等方面，可以全面重现并超越现实场景。

2. 服务对象

城市服务以人为本，当前较为常见的用户画像局限于少量基础标签和部分行为属性，是数字孪生的初级形态。在用户画像的基础上，数字孪生将整合个人的基础信息、全域覆盖的监控信息、无所不在的感知信息、全渠道及全领域服务机构信息、手机信号与网上行为等信息，实现对每个人全程、全时、全景跟踪，将现实生活中人的轨迹、表情、动作、社交关系实时同步呈现在数字孪生体上。未来，每个人都将拥有一个与自己的身体状态、运动轨迹、行为特征等信息完全一致的，从出生到死亡的全生命周期的数字人生。

3. 服务内容

随着 AR、VR 等技术的飞速发展，城市服务内容的数字孪生可能会最先实现。VR 通过音频和视频内容带来沉浸式体验，人们在未来不需要亲自到音乐会、体育比赛现场，就能体验身临其境的感觉。AR 则突出虚拟信息与现实环境的无缝融合，在现实中获得虚拟信息服务，如汽车抬头显示、博物馆导览、临床辅助等。

4.3.2　典型场景

数字孪生城市的四个典型场景如图 4-4 所示。

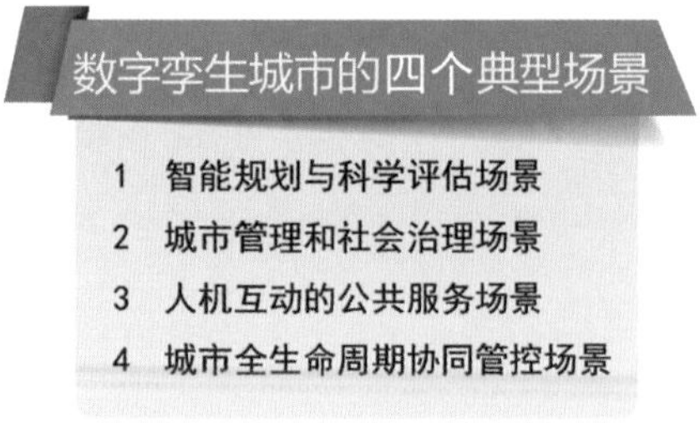

数字孪生城市的四个典型场景

1 智能规划与科学评估场景
2 城市管理和社会治理场景
3 人机互动的公共服务场景
4 城市全生命周期协同管控场景

图 4-4　数字孪生城市的四个典型场景

1. 智能规划与科学评估场景

对于城市规划而言，通过在数字孪生城市执行快速的"假设"分析和虚拟规划，摸清城市一花一木、一路一桥的"家底"、把握城市运行脉搏，能够推动城市规划有的放矢，提前布局。在规划前期和建设早期了解城市特性、评估规划影响，避免在不切实际的规划设计上浪费时间，防止在验证阶段重新进行设计，以更少的成本和更快的速度推动创新技术支撑的智慧城市顶层设计落地。

对于智慧城市效益评估而言，基于数字孪生城市体系及可视化系统，以定量与定性方式，建模分析城市交通路况、人流聚集分布、空气质量、水质指标等各维度城市数据，决策者和评估者可快速直观地了解智慧化对城市环境、城市运行等状态的提升效果，评判智慧项目的建设效益，实现城市数据挖掘分析，辅助政府在今后的信息化、智慧化建设中的科学决策，避免走弯路和重复建设、低效益建设。

2. 城市管理和社会治理场景

对于基础设施建设而言，通过部署端侧标志与各类传感器、监控设备，利用二维码、RFID、5G 等通信技术和标识技术，对城市地下管网、多功能信息杆柱、充电桩、智能井盖、智能垃圾桶、无人机、摄像头等城市设施实现全域感知、全网共享、全时建模、全程可控，提升城市水利、能源、交通、气象、生态、环境等关键全要素监测水平和维护控制能力。

对于城市交通调度、社会管理、应急指挥等重点场景，均可通过基于数字孪生系统的大数据模型仿真，进行精细化数据挖掘和科学决策，出台指挥调度指令及公共决策监测，全面实现动态、科学、高效、安全的城市管理。任何社会事件、城市部件、基础设施的运行都将在数字孪生系统中实时、多维度呈现。对于重大公共安全事件、火灾、洪涝等紧急事件，依托数字孪生系统，能够以秒级时间完成问题发现和指挥决策下达，实现"一点触发、多方联动、有序调度、合理分工、闭环反馈"。

3. 人机互动的公共服务场景

城市居民是新型智慧城市服务的核心，也是城市规划、建设考虑的关键因素。数字孪生城市将以"人"作为核心主线，将城乡居民每日的出行轨迹、收入水准、家庭结构、日常消费等进行动态监测、纳入模型、协同计算。同时，通过"比特空间"预测人口结构和迁徙轨迹、推演未来的设施布局、评估商业项目影响等，以智能人机交互、网络主页提醒、智能服务推送等形式，实现城市居民政务服务、教育文化、诊疗健康、交通出行等服务的快速响应及个性化服务，形成具有巨大影响力和重塑力的数字孪生服务体系。

4. 城市全生命周期协同管控场景

通过构建基于数字孪生技术的可感知、可判断、可快速反应的智能赋能系统，实现对城市土地勘探、空间规划、项目建设、运营维护等全生命周期的协同创新。如图 4-5 所示为城市全生命周期协同管控场景。

城市全生命周期协同管控场景
勘察阶段 （1）基于数值模拟、空间分析和可视化表达，构建工程勘察信息数据库，实现工程勘察信息的有效传递和共享。
规划阶段 （2）对接城市时空信息智慧服务平台，通过对相关方案及结果进行模拟分析及可视化展示，全面实现"多规合一"。
设计阶段 （3）应用建筑信息模型等技术对设计方案进行性能和功能模拟、优化、审查和数字化成果交付，开展集成协同设计，提升质量和效率。
建设阶段 （4）基于信息模型，对进度管理、投资管理、劳务管理等关键过程进行有效监管，实现动态、集成和可视化施工管理。
维护阶段 （5）依托标识体系、感知体系和各类智能设施，实现城市总体运行的实时监测、统一呈现、快速响应和预测维护，提升运行维护水平。

图 4-5　城市全生命周期协同管控场景

4.4　数字孪生城市的总体架构

数字孪生城市与物理城市相对应，要建成智慧城市，首先要把相关城市的数字孪生体构建出来，因为城市级的整体数字化是城市级智慧化的前提条件。以前没有"数字孪生"这个概念，是因为认识程度和技术条件都不成熟，如今信息通信技术高速发展，已经基本具备了构建数字孪生城市的能力。全域立体感知、数字化标识、万物可信互连、泛在普惠计算、智能定义一切、数据驱动决策等，构成了数字孪生城市强大的技术模型；大数据、区块链、人工智能、智能硬件、AR、VR 等新技术与新应用，使技术模型不断完善，功能不断拓展增强，模拟、仿真、分析城市中发生的问题成为可能。虽然技术条件基本成熟，但实现方案相当复杂，这不仅是新技术融合创新的试验场，也是对人类智慧达到新高度的挑战。

数字孪生城市建设依托以"端、网、云"为主要构成的技术生态体系，其总体架构如图 4-6 所示。

数字孪生城市的总体架构	
1	端侧	形成城市全域感知，深度反映城市运行体征状态。
2	网侧	形成泛在高速网络，提供毫秒级的双向数据传输，奠定智能交互基础。
3	云侧	形成普惠智能计算，大范围、多尺度、长周期、智能化地实现城市的决策、操控。

图 4-6　数字孪生城市的总体架构

4.4.1　端侧

群智感知、可视可控。

城市感知终端"成群结队"地形成群智感知能力。感知设施将从单一的 RFID、传感器节点向具有更强的感知、通信、计算能力的智能硬件、智能杆柱、智能无人汽车等迅速发展。同时，个人持有的智能手机、智能终端将集成越来越多的精密传感能力，拥有日益强大的感知、计算、存储和通信能力，成为感知城市周边环境及居民的"强"节点，形成大范围、大规模、协同化普适计算的群智感知。

基于标志和感知体系全面提升传统基础设施的智能化水平。通过建立基于智能标志和监测的城市综合管廊，实现管廊规划协同化、建设运行可视化、过程数据全留存。通过建立智能路网实现路网、围栏、桥梁等设施智能化的监测、养护和双向操控管理。多功能信息杆柱等新型智能设施全域部署，实现智能照明、信息交互、无线服务、机动车充电、紧急呼叫、环境监测等智能化能力。

4.4.2 网侧

泛在高速、天地一体。

提供泛在高速、多网协同的接入服务。全面推进4G/5G/WLAN/NB-IoT/eMTC 等多网协同部署，实现基于虚拟化、云化技术的立体无缝覆盖，提供无线感知、移动宽带和万物互联的接入服务，支撑新一代移动通信网络在垂直行业的融合应用。

形成"天地一体"的综合信息网络来支撑云端服务。综合利用新型信息网络技术，充分发挥"空、天、地"信息技术的各自优势，通过"空、天、地、海"等多维信息的有效获取、协同、传输和汇聚，以及资源的统筹处理、任务的分发、动作的组织和管理，实现时空复杂网络的一体化综合处理和最大限度地有效利用，为各类不同用户提供实时、可靠、按需服务的泛在、机动、高效、智能、协作的信息基础设施和决策支持系统。

4.4.3 云侧

随需调度、普惠便民。

由边缘计算及量子计算设施提供高速信息处理能力。在城市的工厂、道路、交接箱等地，构建具备周边环境感应、随需分配和智能反馈回应的边缘计算节点。部署以原子、离子、超导电路和光量子等为基础的各类量子计算设施，为实现超大规模的数据检索、城市精准的天气预报、计算优化的交通指挥、人工智能科研探索等海量信息处理提供支撑。

人工智能及区块链设施为智能合约执行。构建支持知识推理、概率统计、深度学习等人工智能统一计算平台和设施，以及知识计算、认知推理、运动执行、人机交互能力的智能支撑能力；建立定制化强、个性化部署的区块链服务设施，支撑各类应用的身份验证、电子证据保全、供应链管理、产品追溯等商业智能合约的自动化执行。

部署云计算及大数据设施。建立虚拟一体化的云计算服务平台和大数据分析中心，基于 SDN 技术实现跨地域服务器、网络、存储资源的调度能力，满足智慧政务办公和公共服务、综合治理、产业发展等各类业务存储和计算需求。

数字孪生城市的构建，将引发城市智能化管理和服务的颠覆性创新。试想，与物理城市对应着一个数字孪生城市，物理城市所有的人、物、事件、建筑、道路、设施等，都在数字世界有虚拟映像，信息可见、轨迹可循、状态可查；虚实同步运转，情景交融；过去可追溯，未来可预期；当下知冷暖，见微知著，睹始知终；"全市一盘棋"尽在掌握，一切可管可控；管理扁平化，服务一站式，信息多跑路，群众少跑腿；虚拟服务现实，模拟仿真决策；精细化管理变容易，人性化服务不再难，城市智慧再不是空谈[22]。

22　高艳丽：《以数字孪生城市推动新型智慧城市建设》，《CAICT信息化研究》。

数字孪生
在其他方
面的应用

第 5 章

5.1 医疗健康

　　通过创建医院的数字孪生体，医院管理员、医生和护士可以实时获取患者的健康状况。医疗健康管理（见图 5–1）的数字孪生使用传感器监控患者并协调设备和人员，提供了一种更好的方法来分析流程，并会在正确的时间、针对需要立即采取行动的状况来提醒相关的人员。

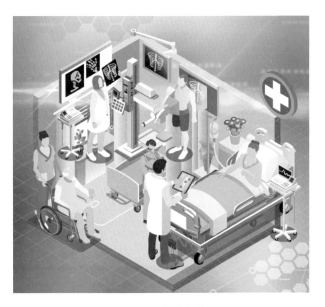

图 5-1　医疗健康管理

　　医院的数字孪生体可以提高急诊室的利用率并且疏散患者流量，降低操作成本并增强患者体验。此外，可以通过数字孪生预测和预防患者的紧急情况，如呼吸停止，从而挽救更多的生命。事实上，一家医院在实施数字孪生技术后，综合成本节约了 90%，医疗保健网络中的蓝色代码（急诊）事件减少了 61%。

　　未来我们每个人都将拥有自己的数字孪生体。通过各种新型医疗检测、扫描仪器及可穿戴设备，我们可以完美地复制出一个数字化身体，并可以追踪这个数字化身体每一部分的运动与变化，从而更好地进行自我健康监测和管理（见图 5-2）。

图 5-2　医疗健康管理的数字孪生实现自我健康监测和管理

5.2　智能家居

　　数字孪生在应用层面产生重大影响的另一个例子是智能家居管理（见图 5-3）。数字孪生使建筑运营商将先前未连接的系统如供热通风、空气调节（HVAC）、寻路系统等集成在一起，以获得新的决策，优化工作流程并远程监控。数字孪生还可用于控制房间的工作空间和环境条件，从而提升住户体验。

图 5-3　智能家居管理

通过优化系统和连接人员，业主和运营商可以使用数字孪生来降低运营成本及后期维修成本，在提高利用率的同时提高资产整体价值。事实上，数字孪生可以将某些建筑物的运营成本降低至 1.8 元 /（平方米·年 ）[23]。

5.3　航空航天

在航空航天领域，美国国防部最早提出将数字孪生技术应用于航空航天数据流动与信息镜像的健康维护与保障：先是在数字空间建立真实飞机的模型，然后通过传感器实现与飞机真实状态完全同步。这样在每次飞行后，技术人员能够根据飞机现有情况和过往载荷，及时分析评估飞机是否需要进行维修，能否承受下次的任务载荷等（见图 5-4）。

23　孔峰：《什么是数字孪生技术 它的价值在哪里》，http://field.10jqka.com.cn/20190313/c610219150.shtml。

图 5-4　航空航天飞机维护与保障

5.4　油气探测

在油气探测领域（见图 5-5），我国某高新技术企业基于公司拥有自主知识产权的 WEFOX 三维叠前偏移成像、GEOSTAR 储层预测、AVO-MAVORICK 三维油气预测这三大核心技术；运用数字孪生理念，在石油天然气、地热能勘探开发、城市勘查、三维地震数据采集、成像处理解释、综合地球物理地质研究、区块资源评价、钻完井技术服务、水平井压裂设计及施工，及其地下三维空间大数据人工智能平台等相关的软件开发方面取得重大进展（见图 5-6）。数字孪生将油气探测技术与人工智能相结合，构建地下三维空间大数据平台，不仅能精准评估地下油气资源、地热能资源及其储量经济性，还通过"数据采集成像一体化、地震地质一体化、地质工程一体化"等多学科一体化创新融合技术高效科学管理，大大提高了地下三维勘探的精度。

图 5-5　油气探测

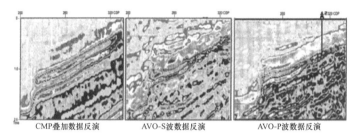

CMP叠加数据反演　　　　AVO-S波数据反演　　　　AVO-P波数据反演

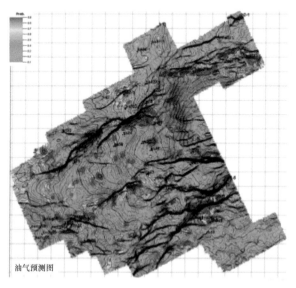

油气预测图

图 5-6　数字孪生油气探测技术

数字孪生

5.5　智能物流

在智能物流领域（见图 5-7），数字孪生大屏、自动分拣机器人等"快递黑科技"基本实现了信息化与智能化，基本实现在 24 小时内到达全国的很多地方。很多快递企业引进诸多"黑科技"助力自身服务能力的提升，例如数字孪生中心、大件分拣系统、车载称重、AR 量方、无人驾驶货车等。 更有公司在数字化方面的投入超过 5 亿元，预计未来每年还会投入 35 亿元用于 IT 研发、营运配称、后台管理等方面建设数字孪生中心[24]。

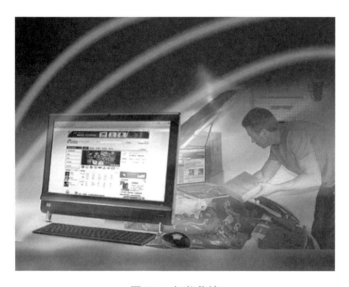

图 5-7　智能物流

5.6　推动现实世界探索

在互联网时代，搜索技术让人们得以更轻松地发现、了解和认知事

24　《数字孪生概念兴起 多领域探索及运用》，https://tech.china.com/article/20190312/kejiyuan012 9252569.html。

物。在未来，无人机、自动驾驶汽车、传感器将取代当前"网络爬虫"的工作。搜索技术将变得更加复杂，我们将能够搜索气味、味道、振动、纹理、比重、反射、气压等物理属性。

随着时间的推移，新的搜索引擎将在数字世界和现实世界中找到几乎所有的东西，一切都将是透明的（见图5-8）。

图 5-8　新的搜索引擎推动现实世界探索

5.7　大脑活动的监控与管理

人脑是大自然中最复杂的"产品"之一，很多国家的科研人员正在试图用数字化技术找出人类大脑的思考方式。例如，美国惠普公司正在与瑞士洛桑联邦理工学院合作开展 Blue Brain 项目，旨在建立哺乳动物大脑的数字模型，以期发现大脑的工作原理，从而利用大量的计算方法来模拟大脑的运动、感知和管理等功能，协助脑部疾病的诊断与治疗（见图5-9）。

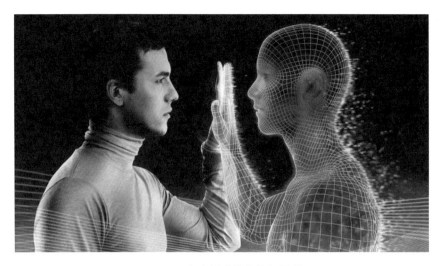

图 5-9　大脑活动的监控与管理

数字孪生
应用案例

第 6 章

6.1　基于数字孪生的航空发动机全生命周期管理

传统的航空发动机研制模式已经无法满足日益增长的发动机性能和工作范围的需求，以信息化为引擎的数字化、智能化研制模式才是未来的发展趋势。虽然数字化的提出由来已久，但在此前并没有上升到数字孪生的高度。数字孪生航空发动机的构建，引发了航空发动机智能化制造和服务的颠覆性创新（见图 6-1）。

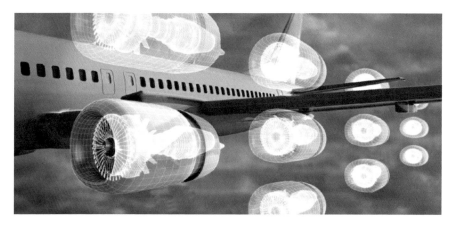

图 6-1　数字孪生航空发动机概念图

数字孪生在航空航天方面的应用，还要提起前文中的 AFRL。2011年，该实验室将数字孪生引入飞机机体结构寿命预测中，并提出一个机体的数字孪生概念模型。这个模型具有超写实性，包含实际飞机制造过程的公差和材料微观组织结构特性。借助高性能计算机，机体数字孪生能在实际飞机起飞前进行大量的虚拟飞行，发现非预期失效模式以修正设计；通过在实际飞机上布置传感器，可实时采集飞机飞行过程中的参数（如六自由度加速度、表面温度和压力等），并输入数字孪生机体以修正其模型，进而预测实际机体的剩余寿命（见图 6-2）。

NASA 的专家已在研究一种降阶模型（ROM），以预测机体所受的气动载荷和内应力。将 ROM 集成到结构寿命预测模型中，能够进行高保真应力历史预测、结构可靠性分析和结构寿命监测，提升对飞机机体的管理。上述技术实现突破后，就能形成初始（低保真度）的数字孪生机体。

此外，AFRL 正在开展结构力学项目，旨在研究高精度结构损伤发展和累积模型，AFRL 的飞行器结构科学中心在研究热—动力—应力多学科耦合模型，这些技术成熟后将被逐步集成到数字孪生体中，进一步提高数字孪生机体的保真度。

同时，世界各大航空制造巨头基于自身业务，提出与之对应的数字孪生应用模式，致力于实现在航空航天领域虚拟与现实世界的深度交互和融合，推动企业向协同创新研制、生产和服务转型。例如，通用电气正在使用的民用涡扇发动机和正在研发的先进涡桨发动机（ATP）采用或拟采用数字孪生技术进行预测性维修服务，根据飞行过程中传感器收集到的大量飞行数据、环境和其他数据，通过仿真可完整透视实际飞行中发动机的运行情况，并判断磨损情况和预测合理的维修时间，实现故障前预测和监控。

中国的航空航天领域也在加紧进行数字孪生在航空工业方面的应用研究。中国航发研究院相关学者建立的面向航空发动机闭环全生命周期的数字孪生体应用框架如图 6-3 所示。

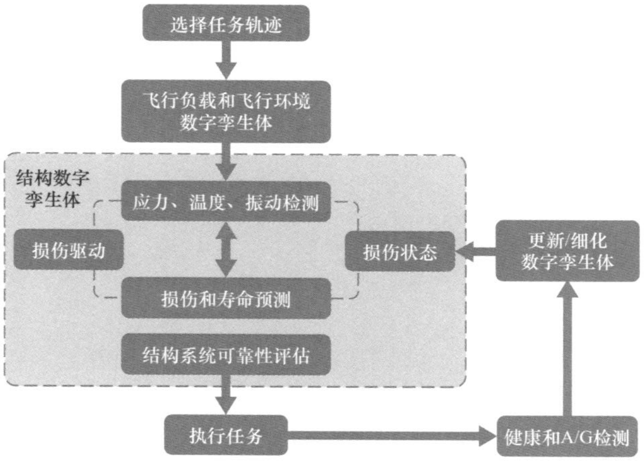

(a)

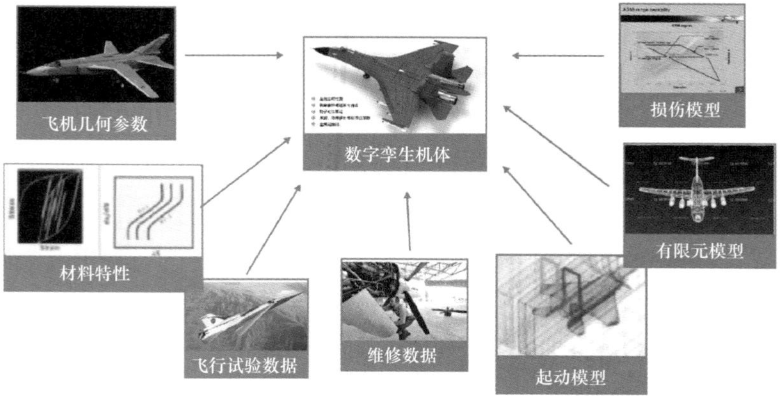

(b)

图 6-2　AFRL 机体数字孪生概念模型示意图

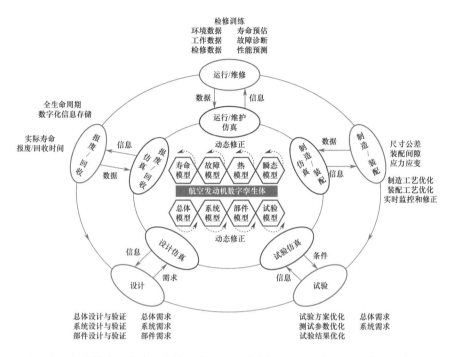

图 6-3　中国航发研究院面向航空发动机闭环全生命周期的数字孪生体应用框架

航空发动机数字孪生技术的创新应用过程有以下五个阶段。

1. 设计阶段

航空发动机的研制是一项典型的复杂系统工程，面临着研制需求复杂、系统组成复杂、产品技术复杂、制造过程复杂、试验维修复杂、项目管理复杂、工作环境复杂等问题，基于同类型航空发动机的数字孪生体，根据量化的用户需求指标（如推重比、耗油率、喘振裕度、效率和可靠性等），可在设计阶段快速构建个性化新型发动机的完整仿真模型，形成新型发动机的数字孪生体，并对其整体性能和功能进行多系统联合仿真，大大提高新产品的设计可靠性，快速验证新产品的设计功能。

2. 试验阶段

传统航空发动机的研制主要依靠物理试验，为了测试航空发动机实际工作性能和特性，需要建立能够模拟发动机实际工作环境和使用工况条件的试验台，如地面模拟试验台、高空模拟试验台、飞行模拟试验台等。一方面，试验方案、试验工况的设计和优化需要长期摸索，试验时间和成本高昂；另一方面，一些极端工况可能在现有试验条件下无法实现。基于设计阶段形成的航空发动机数字孪生体，可构建包含综合试验环境的航空发动机虚拟试验系统，基于量化的综合试验环境参数，不断修正其模型，可对试验方案和测试参数进行优化，同时预测对应工况下发动机的性能，诊断其潜在的风险，强调在实际飞行之前进行"试飞"。

3. 制造 / 装配阶段

在航空发动机制造和装配前，基于其数字孪生体可以进行制造和装配工艺优化；在制造和装配过程中，通过传感器实时采集制造和装配过程信息（如尺寸公差、装配间隙、应力应变等），基于大数据技术驱动航空发动机数字孪生体持续更新，实现虚实高度近似；在物联网技术的支撑下，可实现对发动机零部件制造过程的实时监控、修正和控制，在保证零件的加工质量的同时形成个性化的发动机数字孪生体，为后续运行 / 维修阶段服务。

4. 运行 / 维修阶段

在实际航空发动机出厂时，存在一个与其高度一致的航空发动机数字孪生体，同时交付给用户。在发动机运行 / 维修阶段，基于综合健康管理（Integrated Vehicle Health Management，IVHM）实时监测航空发动机的运行参数和环境参数，如气动、热、循环周期载荷、振动、应力应变、环境温度、环境压力、湿度、空气组分等，数字孪生体通过对上述飞行数据、历史维修报告和其他历史信息进行数据挖掘和文本挖掘，不断修正自身仿真模型，可实时预测发动机的性能，进行故障诊断和报警，借助 VR/AR 等技术，还可实现支持专家和维修人员的沉浸式交互，进行维修方案制定和虚拟维修训练。

5. 报废 / 回收阶段

在实际航空发动机被报废或回收之后，与其对应的数字孪生体作为发动机全生命周期内数字化信息的存储和管理库，可被永久保存，并被用于同类型发动机的研制过程中，构建闭环的发动机全生命周期数字化设计和应用模式，形成良性循环，大大加速了发动机的研制流程，提高发动机设计的可靠性。

当然，建立航空发动机数字孪生体需要克服许多关键技术难题。数字孪生技术是未来降低航空发动机研发周期和成本、实现智能化制造和服务的必然选择。航空发动机数字孪生体通过接收发动机全生命周期各个阶段的数据，动态调整自身模型，实时保持与实际航空发动机高度一致，预测、监控实际航空发动机的运行情况和寿命。此外，数字孪生体可作为航空发动机全生命周期内数据的管理库，应用到同类型产品的下一个研发周期中，大大提高研发速度，降低研发成本。随着对关键技术的不断攻克，未来航空发动机数字孪生体会作为实现数字化设计、制造和服务保障的重要手段，使发动机的创新设计、制造和可靠性上升到全新的高度。

6.2 基于数字孪生的复杂产品装配工艺

东南大学刘晓军副教授团队关于数字孪生的复杂产品装配工艺取得了以下的研究成果。

复杂产品装配是产品功能和性能实现的最终阶段和关键环节，是影响复杂产品研发质量和使用性能的重要因素，装配质量在很大程度上决定着复杂产品的最终质量。在工业化国家的产品研制过程中，大约 1/3 左右的人力从事与产品装配有关的活动，装配工作量占整个制造工作量的 20%～70%，据不完全统计，产品装配所需工时占产品生产研制总工时的 30%～50%，超过 40% 的生产费用用于产品装配，其工作效率和质量对产品制造周期和最终质量都有极大的影响。

随着航天器、飞机、船舶、雷达等大型复杂产品向智能化、精密化和光机电一体化的方向发展，产品零部件结构越来越复杂，装配与调整已经成为复杂产品研制过程中的薄弱环节。这些大型复杂产品具有零部件种类繁多、结构尺寸变化大且形状不规整、单件小批量生产、装配精度要求高、装配协调过程复杂等特点，其现场装配一般被认为是典型的离散型装配过程，即便是在产品零部件全部合格的情况下，也很难保证产品装配的一次成功率，往往需要经过多次选择试装、修配、调整装配，甚至拆卸、返工才能装配出合格产品。目前，随着基于模型定义（Model Based Definition，MBD）技术在大型复杂产品研制过程中的广泛应用，三维模型作为产品全生命周期的唯一数据源得到了有效传递，促进了此类产品的"设计—工艺—制造—装配—检测"每个环节的数据统一，使基于全三维模型的装配工艺设计与装配现场应用越来越受到关注与重视。

全三维模型的数字化产品工艺设计是连接基于 MBD 的产品设计与制造的桥梁，而三维数字化装配技术则是产品工艺设计的重要组成部分。三维数字化装配技术是虚拟装配技术的进一步延伸和深化，即利用三维数字化装配技术，在无物理样件、三维虚拟环境下对产品可装配性、可拆卸性、可维修性进行分析、验证和优化，以及对产品的装配工艺过程包括产品的装配顺序、装配路径及装配精度、装配性能等进行规划、仿真和优化，从而达到有效减少产品研制过程中的实物试装次数，提高产品装配质量、效率和可靠性。数字化产品工艺设计基于 MBD 的三维装配工艺模型承接三维设计模型的全部信息，并将设计模型信息和工艺信息一起传递给下游的制造、检测、维护等环节，是实现基于统一数据源的产品全生命周期管理的关键，也是实现装配车间信息物理系统中基于模型驱动的智能装配的基础。

伴随着德国"工业 4.0"、美国"工业互联网"的相继提出，其战略核心均是通过信息物理融合系统实现人、设备与产品的实时连通、相互识别和有效交流，从而构建一个高度灵活的智能制造模式。为实现复杂产品的三维装配工艺设计与装配现场应用的无缝衔接，面向智能装配的信息物理融合系统是实现复杂产品"智能化"装配的基础，其核心问题之一是如何将产品实际装配过程的物理世界与三维数字化装配过程的信息世界进行交互与共融。

随着新一代信息与通信技术（如物联网、大数据、工业互联网、移动互联等）和软硬件系统（如信息物理融合系统、无线射频识别、智能装备等）的高速发展，数字孪生技术的出现为实现制造过程中物理世界与信息世界的实时互联与共融、实现产品全生命周期中多源异构数据的有效融合与管理，以及实现产品研制过程中各种活动的优化决策等提供了解决方案。因此，借助数字孪生技术，构建基于数字孪生驱动的产品装配工艺模型，实现装配车间物理世界与数字化装配信息世界的互联与共融，是有效减少工艺更改和设计变更、保证装配质量、提高一次装配成功率、实现装配过程智能化的关键。

6.2.1　基本框架

数字孪生驱动的装配过程基于集成所有装备的物联网，实现装配过程物理世界与信息世界的深度融合，通过智能化软件服务平台及工具，实现对零部件、装备和装配过程的精准控制，通过对复杂产品装配过程进行统一高效地管控，实现产品装配系统的自组织、自适应和动态响应，具体的实现方式如图 6-4 所示。

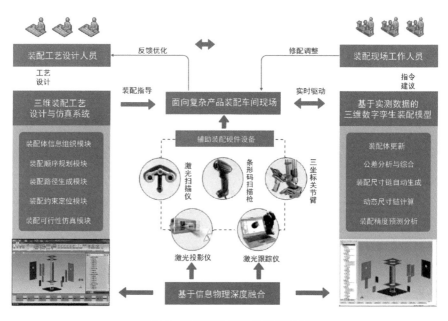

图 6-4　数字孪生驱动的装配过程

通过建立三维装配孪生模型，引入了装配现场实测数据，可基于实测模型实时、高保真地模拟装配现场及装配过程，并根据实际执行情况、装配效果和检验结果，实时准确地给出修配建议和优化的装配方法，为实现复杂产品科学装配和装配质量预测提供了有效途径。数字孪生驱动的智能装配技术将实现产品现场装配过程的虚拟信息世界和实际物理世界之间的交互与共融，构建复杂产品装配过程的信息物理融合系统，如图 6-5 所示。

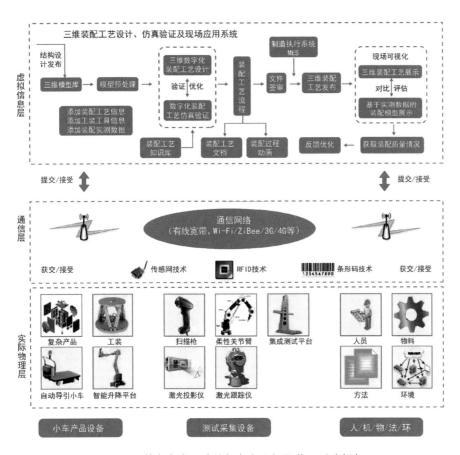

图 6-5　数字孪生驱动的复杂产品智能装配系统框架

6.2.2　方法特点

现有的产品数字化装配工艺设计方法大多基于理想数模，该模型可在装配工艺设计阶段用于检查装配序列、获取装配路径、装配干涉检测等环节，然而对于单件小批量生产的大型复杂产品现场装配而言，现阶段的三维数字化装配工艺设计并不能完全满足现场装配发生的修配或调整等实时工艺方案的变化，这是因为在装配工艺设计阶段未考虑来自零部件及装配误差等因素，导致产品在装配工艺设计时存在如图 6-6 所示的问题。

装配工艺设计阶段未考虑来自零部件及装配误差等因素造成的问题
1　装配工艺设计阶段没有充分考虑实物信息和实测数据
2　不能实现虚拟装配信息与物理装配过程的深度融合
3　现有三维装配工艺设计无法高效准确地实现装配精度预测与优化

图 6-6　装配工艺设计阶段未考虑来自零部件及装配误差等因素造成的问题

1. 装配工艺设计阶段没有充分考虑实物信息和实测数据

基于 MBD 技术的三维装配工艺设计提供了一种以工艺过程建模与仿真为核心的设计方法，利用集成的三维模型来完整表达产品定义，并详细描述了三维模型的工艺（如可行装配序列和装配路径等）、装配尺寸、公差要求、辅助工艺等信息。然而，上述模型并不考虑制造过程，更不考虑实际装配过程模型的演进，因此，将产品装配制造过程模型和理想数模相结合，在装配工艺设计阶段就充分考虑实物信息，可高度仿真复杂产品实物装配过程，提高其一次装配成功率。

2. 不能实现虚拟装配信息与物理装配过程的深度融合

目前的虚拟装配技术主要是基于理想几何模型的装配过程分析仿真与验证，面临着如何向实际装配应用层面发展的瓶颈问题。由于虚拟装配技术在装配累积误差、零件制造误差对装配工艺方案的影响等方面缺乏分析和预见性，导致虚拟装配技术存在"仿而不真"的现象，无法彻底解决在面向制造 / 装配过程中的工程应用难题。上述问题的核心是虚拟装配技术无法支持面向生产现场的装配工艺过程的动态仿真、规划与优化，无法实现虚拟装配信息与物理装配过程之间的深度融合。

3. 现有三维装配工艺设计无法高效准确地实现装配精度预测与优化

在大型复杂产品装配过程中，经常采用修配法或调整法进行现场产品装配作业，如何对装配过程累积误差进行分析，在产品实际装配之前预测产品装配精度，如何根据装配现场采集的实际装配尺寸实时设计合理可靠的装调方案，是当前三维装配工艺设计的难点之一。当前的三维装配工艺设计技术由于没有考虑零部件实际制造精度信息及实际几何表面的接触约束关系等影响因素，导致现有装配精度预测与优化方法很难运用于实际装配现场。

综上所述，相对于传统的装配，数字孪生驱动的产品装配呈现出新的转变，即工艺过程由虚拟信息装配工艺过程向虚实结合的装配工艺过程转变，模型数据由理论设计模型数据向实际测量模型数据转变，要素形式由单一工艺要素向多维度工艺要素转变，装配过程由以数字化指导的物理装配过程向物理、虚拟装配过程共同进化转变。

6.2.3　关键理论与技术

实现数字孪生驱动的智能装配技术，构建复杂产品装配过程的信息物理融合系统，亟须在如图 6-7 所示的产品装配工艺设计的关键理论与技术问题方面取得突破。

1. 在数字孪生装配工艺模型构建方面

研究基于零部件实测尺寸的产品装配模型重构方法并重构产品装配模型中的零部件三维模型，基于零部件的实际加工尺寸进行装配工艺设计和工艺仿真优化。课题组在前期研究了基于三维模型的装配工艺设计方法，包括三维装配工艺模型建模方法，三维环境中装配顺序规划、装配路径定义的方法，装配工艺结构树与装配工艺流程的智能映射方法。

基于数字孪生亟须突破的产品装配工艺设计的关键理论与技术
1	在数字孪生装配工艺模型构建方面
2	在基于孪生数据融合的装配精度分析与可装配性预测方面
3	在虚实装配过程的深度整合及工艺智能应用方面

图 6-7　基于数字孪生的产品装配工艺设计的关键理论与技术

2. 在基于孪生数据融合的装配精度分析与可装配性预测方面

研究装配过程中物理、虚拟数据的融合方法，建立待装配零部件的可装配性分析与精度预测方法，并实现装配工艺的动态调整与实时优化。研究基于实测装配尺寸的三维数字孪生装配模型构建方法，根据装配现场的实际装配情况和实时测量的装配尺寸，构建三维数字孪生装配模型，实现数字化虚拟环境中三维数字孪生装配模型与现实物理模型的深度融合。

3. 在虚实装配过程的深度整合及工艺智能应用方面

建立三维装配工艺演示模型的表达机制，研究三维装配模型的轻量化显示技术，实现多层次产品三维装配工艺设计与仿真工艺文件的轻量化；研究基于装配现场实物驱动的三维装配工艺现场展示方法，实现现场需要的装配模型、装配尺寸、装配资源等装配工艺信息的实时精准展示；研究装配现场实物与三维装配工艺展示模型的关联机制，实现装配工艺流程、MES 及装配现场实际装配信息的深度集成，完成装配工艺信息的智能推送。

6.2.4　部装体现场装配应用平台示例

为实现面向装配过程的复杂产品现场装配工艺信息采集、数据处理和控制优化，构建基于信息物理融合系统的现场装配数字孪生智能化软硬件平台（见图 6-8）。该平台可为数字孪生装配模型的生成、装配工艺方案的优化调整等提供现场实测数据。

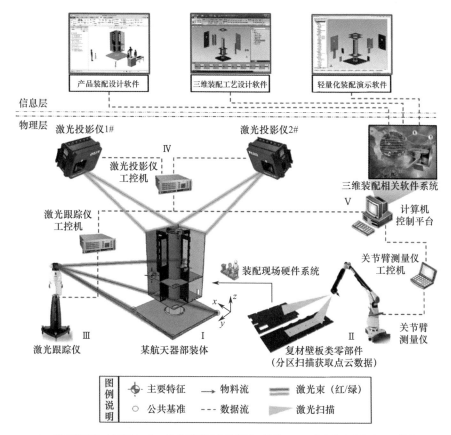

I：装配部装体（局部）；Ⅱ：关节臂测量仪设备及工控机；Ⅲ：激光跟踪仪设备及工控机；
Ⅳ：激光投影仪设备（组）及工控机；V：计算机控制平台和相关软件系统

图 6-8　基于信息物理融合系统的现场装配数字孪生智能化硬件平台

部装体现场装配应用平台系统包括产品装配现场硬件系统（如关节

臂测量仪、激光跟踪仪、激光投影仪、计算机控制平台等）和三维装配相关软件（如三维装配工艺设计软件、轻量化装配演示软件等）系统。

基于数字孪生的产品装配工艺设计流程：首先，将产品三维设计模型、结构件实测状态数据作为工艺设计输入，进行装配序列规划、装配路径规划、激光投影规划、装配流程仿真等预装配操作，推理生成面向最小修配量的装配序列方案，将修配任务与装配序列进行合理协调；然后，将生成的装配工艺文件经工艺审批后下放至现场装配车间，通过车间电子看板指导装配工人进行实际装配操作，并在实际装配前对初始零部件状态进行修整；最后，在现场装配智能化硬件设备的协助下，激光投影仪设备（组）可高效准确地实现产品现场装配活动的激光投影。为避免错装漏装，提高一次装配成功率，激光跟踪仪可采集产品现场装配过程的偏差值，并实时将装配过程偏差值反馈至工艺设计端，经装配偏差分析与装配精度预测，给出现场装调方案，实现装配工艺的优化调整与再指导，高质量地完成产品装配任务。

目前，已有课题组在三维装配工艺建模机制、三维装配工艺设计与轻量化装配工艺演示等方面完成了部分探索工作，正处于工程应用研发的推进阶段。而在数字孪生驱动的三维装配工艺应用、智能化装配平台搭建、跨系统及跨平台软硬件集成等方面处于起步的研究阶段，仍待进一步深入研究[25]。

6.3 英国石油公司先进的模拟与监控系统 APEX

假如给我们的身体创建一个数字孪生体，来测试不同的选择对动脉、静脉及器官的影响，是不是想起来就觉得不可思议却又心痒，希望立即实

25　《数字孪生系列报道（十）：数字孪生驱动的复杂产品装配工艺》，《计算机集成制造系统》。

现吗？这就是英国石油公司先进的模拟与监控系统 APEX 背后的理念，该系统创建了英国石油公司在全球的所有生产系统的虚拟副本。

让我们一起来学习 APEX 系统是如何帮助优化生产、增加价值的，尤其是在缩短作业时间方面。

对石油开采略有了解的人都知道，原油分子在流经采油设备时，拥有数十亿甚至数万亿条不同的流动路径。以英国石油公司庞大的北海油田为例，每天都有超过二十万桶的原油从海底岩石中流过数千千米的井筒与立管，流入复杂的输油管道网络与原油加工基础设施。这些作业的核心是英国石油公司的工程师，他们每天都需要做出选择——利用复杂的计算来确定打开哪些阀门、施加什么样的压力及注入多少水，这些都是为了安全地优化生产。

但是，传统的决策制定方法既复杂又冗长，但对于持续改进性能及提高产量却又至关重要。工程师们先前总是依靠他们的技能与经验，但现在他们可以利用数字孪生技术，这不是人体克隆技术，而是数字克隆技术。运用数字孪生技术建立的尖端的模拟与监视系统，能够以数字化形式重现真实世界设施的每个元件。英国石油公司的北海油田一直处于数字化发展的最前沿，其构建的 APEX 系统现已推广至英国石油全球所有的生产体系中。

北海油田石油工程师 Giuseppe Tizzano 解释："APEX 系统是一种利用集成资产模型的生产优化工具。同时，它也是一种用于现场的、强大的监控工具，能够及时发现问题，避免对生产造成严重的负面影响。"

APEX 系统的"血肉"是英国石油公司每口井的数据、流态与压力信息，"骨架"是物理学的水力模型，而且，就像人体一样，APEX 系统迅捷且敏感。利用 APEX 系统，生产工程师可在短短几分钟内运行过去需要数小时的模拟，从而实现持续优化。例如，墨西哥湾石油工程师 Carlos Stewart 说："作业时间是最宝贵的收益。先前的系统优化可能需要 24 ～ 30 小时，而利用 APEX 系统仅需要 20 分钟。"采用该系统后，2017 年，英国石油公司在全球增加了三万桶的产量。

另外，该系统还可以用于安全地测试"假设"情景。通过将模型与实际数据配对，每小时都可进行异常情况的检测，并且可以模拟分析作业的影响因素，以向工程师展示如何调整流速、压力及其他参数，从而安全地优化生产。

由于英国石油公司一些最复杂的生产系统位于北海，APEX 系统首先在那里的多个油田进行了试点应用。如今，包括 Tizzano 在内的团队在全球范围内提供专家建议，其他一些油田开始应用 APEX 系统，有助于提高效率，并预测何处存在潜在问题。

生产团队的反馈是积极认可的。英国石油公司优化工程师 Amy Adkison 表示："一开始我们不确定是否可以在北海使用 APEX 系统，因为该地区的管线规模庞大，但我们已经获得了很大的支持，来整合复杂性。我们很高兴能够在同一个技术平台上与其他地区展开合作。"她还表示："每个人都为他们所在的区域解决了一个难题，我们渴望分享经验，以促进生产优化。这意味着我们的部署时间将从几年缩短至几个月。"

英国石油公司的特立尼达和多巴哥系统优化负责人 Shaun Hosein 解释说："在如此庞大的系统中总会存在某些作业，如油井投产、阀门测试、管道检查等。利用 APEX 系统这个新工具，我们能够快速模拟即将发生的事情，从而优化生产。"

Shaun Hosein 还表示："有一次，我们不得不关闭陆上设施的一条管道进行维修，这在以前意味着减产。但该系统模拟了这一过程，并向我们展示了如何准确地重新安排流动路线，以及以何种流速输送原油。因为需要耗费三天的时间来完成管道维护，所以它保证了产量[26]。"

因此，有充分的理由相信，APEX 系统在英国石油公司的全球投资组合的占比将会越来越大，未来，该系统的应用会带给英国石油公司更深厚的升值空间。

6.4　基于数字孪生的企业全面预算系统

在当前的企业领域，数字孪生多指利用物联网、实时通信、三维设计、仿真分析模型等跨领域技术融合，实现现实物理世界的设备向数字世界的反馈。

数字孪生还适用于企业管理领域。国内很多企业在信息化建设过程中的财务系统、进销存、人力资源、OA（Office Automation，办公自动化）、CRM（Customer Relationship Management，客户关系管理）等业务系统数据孤岛隔离，即使对主数据做过梳理，也很难实现各业务系统数据的实时对接。管理层级很难及时了解企业经营的真实全貌。现有的企业管理软件设计思想多为模拟企业的实体业务过程及线下操作的动作，如各种单据、表样、流程等，而不是建立实体业务的数字化模型。因此产生了大量的数据冗余，数据的一致性差。

多维数据仓库软件及应用就是为这一场景而生的。多维数据仓库技术已有 30 年的历史，其主要通过多维建模，为企业信息化实现数据"统一版本的事实"，成为建设企业管理数字孪生的利器。在实际应用中，多维

26　《数字孪生技术助增产》，https://mp.weixin.qq.com/s?__biz=MzU1MTkwNDAwOA%3D%3D&idx=2&mid=2247491107&sn=b5556beff5dee5f57c2dbe39bca7c6f1。

数据仓库主要通过建立企业实体业务的多维模型，实现对业务数据的实时分析，并基于业务动因实时预测业务结果，预警风险并及时调整。企业绩效管理软件（Enterprise Performance Management，EPM）是建设企业管理动态模型的典型工具，其核心就是多维数据仓库。在企业的 IT 体系结构中，企业资源计划（Enterprise Resource Planning，ERP）等业务系统成为 EPM 的数据来源，因此 ERP 与 EPM 形成了数据的上下游。

随着多维数据仓库及分布式计算技术的不断发展，未来的趋势是 EPM 将逐步取代以 ERP 为主的传统业务系统，实现数据生成、建模采集、分析预警、决策支持的实时一体化。在企业的全面预算管理信息化过程中，以多维数据仓库为基础建立企业管理数字孪生体，助力企业实现计划预算、执行控制、分析决策一体化管理。如图 6-9 所示为 EPM 应用架构。

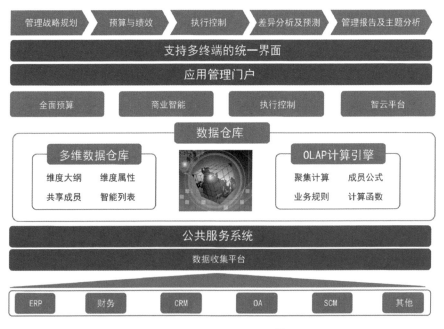

图 6-9　EPM 应用架构 [27]

27　《数字孪生：全面预算系统的未来趋势》，https://www.xuanruanjian.com/art/146214.phtml。

6.5 中国首条在役油气管道数字孪生体的构建与应用

随着中国油气骨干管网建设步伐加快，以及全球物联网、大数据、云计算、人工智能等新信息技术的迅速发展应用，中国石油提出"全数字化移交、全智能化运营、全生命周期管理"的智慧管道建设模式，选取了中缅管道作为在役管道数字化恢复的试点。中缅管道是油气并行的在役山地管道，涉及原油与天然气站场、阀室，其中原油管道是一个完整的水力系统。本试点对管道建设期设计、采办、施工及部分运维期数据进行恢复，结合三维激光扫描、倾斜摄影、数字三维建模等手段，构建中缅油气管道试点段的数字孪生体，为实现管网智慧化运营奠定数据基础。

6.5.1 数字孪生体构建流程

在役油气管道数字孪生体的构建对象是管道线路和站场，其流程主要分为四个部分：数据收集、数据校验及对齐、实体及模型恢复、数据移交。线路和站场数字化恢复成果暂时提交至 PCM 系统（天然气与管道 ERP 工程建设管理子系统）和 PIS（管道完整性管理系统），待数据中心建成后正式移交（见图 6-10）。

以下对构建流程的前三个部分进行介绍。

1. 数据收集

为了使管道正常运行，需要确定数据恢复范围，主要包括管道周边环境数据、设计数据及建设期竣工数据。管道周边环境数据包括基础地理数据和管道周边地形数据，为管道本体建立承载环境。设计数据包括专项评价数据、初设高后果区识别数据及施工图设计数据。建设期竣

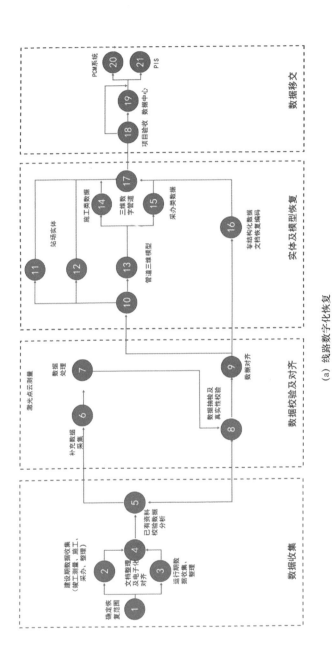

(a) 线路数字化恢复

图 6-10　在役管道数字孪生体构建流程图

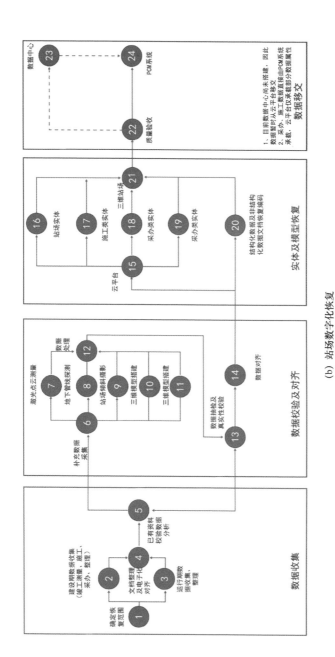

图 6-10 在役管道数字孪生体构建流程图（续）

(b) 站场管道数字孪生化恢复

工数据包括竣工测量数据、管道改线数据，并将施工数据、采办数据与管道本体挂接。

已有资料主要采集竣工图数据、采办数据及施工数据。分析已有成果资料（竣工测量数据、中线数据、基础地理信息数据等）的完整性、准确性。通过抽样检查已有资料的范围、一致性、空间参考系及精度等，对其收集、校验，确定需要补充采集数据的范围和手段。根据已有数据的分析结果，对数据恢复指标量化（见图 6-11）。从基准点、管道中线探测、三桩一牌测量、航空摄影测量、基础地理信息采集、三维激光扫描、三维地形构建、站场倾斜摄影、站场管线探测、关键设备铭牌数据方面补充数据采集。

指标	要求
基础地理信息数据采集	中心线两侧各400m
卫星遥感影像图	两侧至少各2.5km，分辨率不低于0.5m或1m，精度应满足1:10 000的要求
航空摄影测量正射影像图	两侧各400m，分辨率大于0.2m
航空摄影测量数字高程模型	管道两侧各400m
大型跨越点高精度三维扫描	大型跨越重点关注目标物点间距不低于0.02m，一般区域关注点的点间距要求不低于 0.05m，其他点间距不低于 0.10m

图 6-11　在役管道数字化恢复技术指标

2. 数据校验及对齐

数据校验及对齐是从数据到信息的关键步骤，是将管道附属设施和周边环境数据基于环焊缝信息或其他拥有唯一地理空间坐标的实体信息进行校验及对齐。对齐以精度较高的数据为基准，使管道建设期的管道本体属性与运营期内的检测结果及管道周边地物关联。数据校验及对齐主要从管道中心线、焊口、站内管道及附属设施、站内地下管道及线缆方面进行。

对于一般线路管道中心线，利用地下管道探测仪和 GPS 设备获取管道中线位置和埋深，通过复测、钎探、开挖等方式复核数据。对于河流开挖穿越段，利用固定电磁感应线圈在管道上方测量交流信号的分布，依据分布规律和衰减定位管道的位置和埋深。本试点对中缅瑞丽江进行水域埋深检测，用数字化设计软件对竣工测量成果生成油气管道纵断面图，并与探测结果进行对比，确定管道、弯管位置及管底高程。

中缅管道的内检测焊缝数据采用基于里程和管长的方法进行焊缝对齐，结合中缅内检测及施工记录的焊缝数据，以热煨弯管为分段点对齐，修复焊口缺失和记录误差问题。

站内管道及附属设施通过三维模型与现场激光点云模型对比进行数据校验及对齐。

对于电信井等明显点进行调查测量，查明类型、走向及埋深，对于隐蔽点利用地下管道探测仪探测其埋深及属性，采用实时动态定位或已采集管道点坐标信息标记，绘制带有管道点、管道走向、位置及连接关系的地形图。将三维模型平面图与探测图成果进行对比，校验管道位置、埋深偏差。

3. 实体及模型恢复

（1）线路。

线路模型恢复是以竣工测量数据为基础，进行数据校验及对齐，形成管道本体模型所需的数据，然后进行建模。

穿跨越工程主要分为开挖穿越、悬索跨越、山岭隧道穿越三种形式。对于开挖穿越，实体为管道本体与水工保护，采用与线路一致的方式恢复；对于悬索跨越，结构实体包括主塔、桥面、锚固墩、桥墩、管道支座等，对跨越整体进行三维激光点云扫描，获取跨越桥梁的完整模型；对于山岭隧道穿越，由于隧道主体结构与跨越桥梁结构复杂，因此要结合三维激光扫描点云数据构建模型。对山岭隧道、洞门，采用激光点云方式采集现场实景模型；对隧道洞身及相关构件，根据施工竣工资料采用 Revit 软件建模，并关联数据。

（2）站场。

站场实体及模型恢复通过三维数据库、Revit 族库、工艺和仪表流程图（Process & Instrument Diagram，P&ID）绘制、Revit 绘制、三维模型绘制及三维总图模型绘制完成。

通过 P&ID 绘制，实现系统图的图面内容和报表结构化。通过 SPP&ID 软件进行智能 P&ID 设计，设计数据集成在系统中，并将 SPF（Smart Plan Foundation）软件作为数据管理平台，集成 SPI（Smart Plan Instrument）、SP3D（Smart Plant 3D）软件，建立共享工程数据库和文档库，最终完成三维数据库的搭建。

通过站场/阀室三维激光点云数据及空间实景照片进行数据校验，实现以竣工图和设计变更为数据库建立的依据，以激光点云测量数据为验证手段，建立站场阀室三维数据模型。通过 Revit 软件及竣工图纸等建立建筑三维模型。

根据测量地形数据生成三维地形模型，建立三维设计场地模型。根据构筑物详图中的构筑物断面信息，建立总图线状构筑物部件及模型和非线状构筑物模型。将三维地形模型、三维设计场地模型、总图线状构筑物模型导入三维设计平台，录入关键坐标点、标高、构筑物结构信息和站场周边重点地物信息等三维场景数据，搭建站场三维数据库。

6.5.2 数字化恢复主要技术

1. 基准点测量

基准点是进行测量作业前，在测量区域范围内布设的一系列高精度基准控制点。基准点采用 GPS 测量 D 级精度，按照每 50 km 一个的频率，构建测绘基准控制网。

GPS 单点定位精度受卫星星历误差、卫星钟差、大气延迟、接收机钟差即多路径效应等多种误差的影响。试点段管道是山地管道，山高林密，交通、通信困难，影响 GPS 定位精度。为了减小误差，基准点测量采用 PPP 技术（Precise Point Positioning）获取高精度坐标数据，利用由国际 GPS 服务机构 IGS 提供和计算的 GPS 卫星精密星历和精密钟差，基于单台 GPS 双频双码接收机观测数据在近 700 km 内测得 38 个高精度基准点定位数据，大幅度提高了作业效率，具有较高的精度和可靠性。

2. 管道中线探测

管道中线是管道完整性数据模型的核心，是其他基础数据定位和展示的基准。探测前，将整理竣工数据、内检测数据中弯头数量、角度、方向等信息作为探测依据，提高探测精度。探测时，采用雷达和CORS-RTK（Continuous Operational Reference System-Real Time Kinematic）技术完成地下管道探测。由于管道具有范围大、点多面广的特点，且位于山区、河道、水域或自然环境具有危险因素的区域，使用传统的测量技术不仅投入大、精度也难以保证，因此应借助 CORS-RTK技术进行野外测量作业，完成管道中线坐标、高程实测。

CORS-RTK 技术是基于载波相位观测值的实时动态定位测量技术，

能够实时提供 GPS 流动站在特定坐标系中的三维坐标，在有效测量范围内精度可达厘米级。测量数据采集完成后，可以进行自动存储和计算，将测量成果与竣工中线成果进行对比，按一定容差分类统计误差比例，结合现场实际情况分析误差原因，进一步提高探测数据精度。

3. 航空摄影测量

航空摄影测量采用固定翼无人机完成管道线路航空摄影测量及资料解译，获取高精度航飞摄影。航空摄影测量根据管道走向、地形起伏及飞行安全条件等，划分为多个不同的航摄分区。航线沿管道线路走向或测区主体方向设计，综合多个线路转角点敷设尽量顺直的航线，将管道中线布设在摄区中间，保证覆盖管道中线两侧各不低于 200 m 的有效范围。航飞完成后，根据像控点和采集的相片进行数据处理，制作 0.2m 的 DOM（数字正射影像）和 2 m 的 DEM（数字高程模型）。

航空摄影测量是地理信息采集、水工保护采集、三维地形模型构建的基础，可以为地质灾害和高后果区提供预判，对于管道日常维护提供更直观、便利的地形环境、植被情况、道路通达情况的描述，为政府备案、应急抢险、决策支持、高后果区管理、维修维护提供准确的数据支撑。

4. 三维激光扫描

三维激光扫描又称实景复制技术，是一种快速获取三维空间信息的技术，该技术通过非接触式扫描的方式获取目标物表面信息，包括目标物的点位、距离、方位角、天顶距和反射率等。

通过三维激光扫描仪对管道大型跨越的桥梁主体结构进行实景复制，实现与管道桥梁比例一致的高清、高精度的三维建模（见图 6-12）。管道穿越桥梁采用 FARO S350 地面三维激光扫描仪对澜沧江、怒江及漾濠江 3 处大型跨越的激光扫描、点云处理及三维建模。高精度的三维模型为大型跨越的维护、改建、设计、检测提供真实可靠的数据源。站场地表建筑、设备等通过 RIEGL VZ–1000 激光扫描仪三维扫描测量，利用尼康 D300S 进行影像数据采集。采集数据后，通过标靶点进行点云数据拼接和坐标纠正以提高精度，构建站场三维激光点云模型。点云模型点间距和精度需要满足《石油天然气工程地面三维激光扫描测量规范》的要求。

图 6-12　桥梁跨越三维模型图

通过三维激光扫描实现与管道桥梁、地面建筑及设备比例一致的三维建模，实现数字可视化。对于站场、地质灾害、高危区段、高后果区数字化管理具有借鉴意义。

5. 三维地形构建

管道沿线的三维地形构建需要将卫星影像与航拍影像融合。卫星影像是高分二号卫星和高景一号卫星拍摄的 0.5~1 m 高分辨率遥感影像和格网间距 30 m 数字高程模型，航拍影像是通过航空摄影测量拍摄的 DOM 和 DEM。通过三维地形构建，掌握管道沿线 5 km 内的地形，重点掌握 800 m 内的三维地形，为管道安全管理提供决策依据。

6. 站场倾斜摄影测量

站场倾斜摄影测量改变了航测遥感影像只能从竖直方向拍摄的局限性，是站场三维建模的主要途径。站场倾斜摄影测量通过红鹏六旋翼无人机对站场进行多视角信息采集，记录航高、航速、航向及坐标等参数，采用 GPS-RTK 方法完成站场像控点测量，对原始照片及像控点成果进行质量检查，构建站场的三维倾斜模型、站场三维地形及站内建（构）筑物、设备设施等。

6.5.3　研究成果及应用拓展

1. 研究成果

中缅油气管道通过数字化恢复形成管道数据资产库，构建数字孪生体，为管道运行、维护提供基础数据，为真实管道系统与虚拟管道系统的信息交互融合提供了新的技术手段。

（1）线路数据资产库。

线路数据资产库将多源异构 GIS、BIM（Building Information Modeling）、MIS（Management Information System）、CAD 等数据整合于一体，采用 C/S（Client/Server）、B/S（Browser/Server）、移动端 App 混合架构，在客户端展示管道周边基础地理信息数据、环境数据及管道本体属性数据，提供快捷查询功能。

通过线路数据资产库，可查询管道周边的社会依托情况、敏感区数据等基础地理信息；在同一地图中加载施工图设计中线、竣工中线等，直观对比不同阶段路由变化情况并分析其原因；定位指定焊口的位置，查询焊口编号、焊口前后管段的防腐信息、弯头情况、管道埋深信息；定位穿跨越的位置，查询穿跨越方式、保护形式等信息；定位水工保护的位置、材质、尺寸参数，并结合周边地形、水系信息，评价水工保护的效能。线路数据资产库为高后果区识别、管道巡线管理提供数据源，为管道运维提供多元化的基础数据服务。

（2）站场数据资产库。

站场数据资产库为管道运行、维护、设备管理系统等提供基础数据，将三维模型、二维图纸、结构化数据与非结构化文档相关联，实现数据的交互、共享。采用关系型数据库存储，以硬件即是服务的云模式作为硬件载体，有数据采集、数据处理、数据应用三层架构，具备扩展性和标准化服务接口。实现三维模型展示、数据查询及文档检索等功能，为智能管道应用提供数据支撑。融合站场倾斜摄影测量、三维激光点云、三维数据模型，可直观浏览站场的实景及建（构）筑物外观。

以保山站的数字化恢复成果为例，资产库收集站场围墙外 50 m 的周边环境数据及站内工艺、仪表、电力、通信、建筑、总图、阴保、热工、暖通、消防、给排水等数据，恢复地上工艺设备、建（构）筑物模型和地下建筑物基础、管缆，建立数据、模型与非结构化文档的关联关系，实现"平面图、流程图、单管图"等结构化文档的相互引用。

2. 应用拓展

（1）多系统融合。

多系统融合，深入发掘数据价值，消除信息孤岛。使用 PaaS 平台服务理念，基于数据层展示基础层，为各类系统的数据挂载显示及应用对接、应用拓展提供平台和支持。

将数字孪生体与 SCADA 系统、视频监视系统相融合，完成实时生产数据和视频监视数据的挂载显示，实现可视化运行管理（见图 6-13）；通过采用 http 消息互连、服务互连的方式与 ERP 系统、设备管理系统相融合，结合三维成果，完成设备拆解、模拟培训应用开发，为员工提供培训、教学等服务；基于数据恢复，打造适合智能管道运行的生产运行管理系统；与地灾监测预警系统平台相结合，利用管道本体数据、高后果区及地灾点，实现监测数据的实时动态分析与预警，形成地质灾害综合信息一体化应用，为灾害的风险预判、后期治理提供辅助决策。

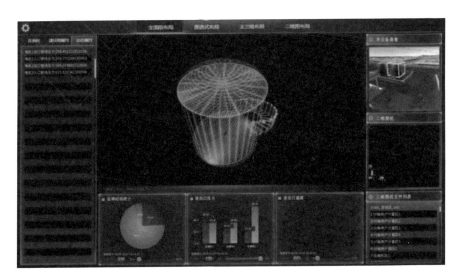

图 6-13　储罐三维图

（2）指导维检修和应急抢险。

在维检修作业时，管道数字孪生体可以通过管道高程、埋深及管材等信息为线路动火和封堵作业时排油方案的制定提供数据支撑；在开挖作业时，便于直观识别地下管缆等隐蔽工程的位置；结合在线监测及远程故障诊断等技术，可实现基于风险与可靠性的预防性维检修计划；通过三维展示成果，可模拟设备拆解，制定设备维护维修方案。

在应急管理中，依据应急抢修流程，将应急方案中的步骤数字化，链接数据查询、路径分析、缓冲区分析等操作，制定应急处置数字化方案；模拟应急事故点，按照方案中的流程，逐项推演，验证数字化应急方案是否满足应急抢险需求；针对不同输送介质管道实现管道爆炸影响范围、油品污染河流路径、缓冲区分析等自动化分析，建立事故灾害影响分析模型；基于数字化恢复的水系及面状水域信息，进一步构建泄漏扩散模型，分析油品泄漏事故水体污染演变情况及应急措施[28]。

28　熊明，等：《数字孪生体在国内首条在役油气管道的构建与应用》，《油气储运》2019年第38期。

数字孪生
技术面临的
挑战与发展
趋势

第 7 章

7.1 数字孪生技术发展的新趋势

数字孪生显然要数字化，它是科技发展时代的必然产物，是为了更好、更高效地管控生产、制造、应用等全生命周期管理的一项基于物理实体空间与虚拟空间融合镜像的必然技术。随着相关理论技术的不断拓展与应用需求的持续升级，数字孪生的发展与应用呈现出如图 7-1 所示的 6 个方面的新趋势。

数字孪生技术发展的新趋势
1 应用领域扩展需求
2 与新的 IT 技术深度融合需求
3 信息物理融合数据需求
4 智能服务需求
5 普适工业互联需求
6 动态多维多、时空尺度模型需求

图 7-1　数字孪生技术发展的新趋势

7.1.1　应用领域扩展需求

数字孪生提出初期主要面向军工及航空航天领域需求，是为了解决物理实体空间技术难以实时触及管控、监测的问题，近年来逐步向民用领域拓展。例如，数字孪生在电力、汽车、医疗、船舶、油气勘探、建筑、生产制造等多个领域均有应用需求，且市场前景广阔。而在这些相关领域应用过程中所需解决的首要挑战，是如何根据不同的应用对象与业务需求创建对应的数字孪生模型。而由于缺乏通用的数字孪生模型与创建方法的指导，严重阻碍了数字孪生在相关领域进行落地应用。

随着 5G 技术、无人机监测、红外线监测、计算机软硬件等方面技术的不断优化，同时伴随着各国对物联网或工业互联网技术的重视，在产业自需求的内生动力推动下，必然会培育出一批数字孪生方面的技术工程人员。而这些技术与人才的不断探索、应用、修正，将在可以预见的短时间内推动数字孪生成为工业互联网时代的一项应用技术。

7.1.2 与新的 IT 技术深度融合需求

数字孪生的落地应用离不开新的 IT 技术的支持（见图 7-2）。

新的IT技术对数字孪生的落地应用的支持	
1	基于物联网的虚实互联与集成
2	基于云模式的数字孪生数据存储与共享服务
3	基于大数据与人工智能的数据分析、融合及智能决策
4	基于虚拟现实（VR）与增强现实（AR）的虚实映射与可视化显示

图 7-2 新的 IT 技术对数字孪生的落地应用的支持

数字孪生必须与新的 IT 技术深度融合才能实现信息物理系统的集成、多源异构数据的“采—传—处—用”，进而实现信息物理数据的融合、支持虚实双向连接与实时交互，开展实时过程仿真与优化，提供各类按需使用的智能服务。

关于数字孪生与新的 IT 技术地融合在当前已有不少相关研究报道，

如基于"云、雾、边"的数字孪生三层架构、数字孪生服务化封装方法、数字孪生与大数据融合驱动的智能制造模式、基于信息物理系统的数字孪生参考模型及 VR/AR 孪生虚实融合与交互等。

目前，在数字孪生应用落地的过程中，需要配套拓展的相关技术越来越多、越来越成熟，无论是硬件的应用支持技术，还是基于软件、模型的相关运算、监管技术等，都在不同层面推动数字孪生在各领域的落地应用。

7.1.3　信息物理融合数据需求

数据驱动的智能是当前国际学术前沿与应用过程智能化的发展趋势，如数据驱动的智能制造、设计、运行维护、仿真优化等。信息物理融合数据需求的相关研究如图 7-3 所示。

信息物理融合数据需求相关的研究	
1	主要依赖信息空间的数据进行数据处理、仿真分析、虚拟验证及运行决策等，缺乏应用实体对象的物理实况小数据（如设备实时运行状态、突发性扰动数据、瞬态异常小数据等）的考虑与支持，存在"仿而不真"的问题。
2	主要依赖应用实体对象实况数据开展"望闻问切"经验式的评估、分析与决策，缺乏信息大数据（如历史统计数据、时空关联数据、隐性知识数据等）的科学支持，存在"以偏概全"的问题。
3	虽然有部分工作同时考虑和使用了信息数据与物理数据，能在一定程度上弥补上述不足，但在实际执行过程中两种数据往往是孤立的，缺乏全面交互与深度融合，信息物理一致性与同步性差，结果的实时性、准确性有待提升。

图 7-3　信息物理融合数据需求的相关研究

数据也是数字孪生的核心驱动力，与传统数字化技术相比，除信息数据与物理数据之外，数字孪生更强调信息物理融合数据，通过信息物理数据的融合来实现信息空间与物理空间的实时交互、一致性与同步性，从而提供更加实时精准的应用服务。从目前的技术发展来看，各种复杂物理实体空间的数据采集技术越来越成熟。5G 技术的普及将进一步解决数据采集及实现信息空间与物理空间的实时交互、一致性与同步性等问题，虚实双向的实时性在技术层面已经有了基本保障。

7.1.4 智能服务需求

随着应用领域的拓展，数字孪生必须满足不同领域、不同层次的用户（如终端现场操作人员、专业技术人员、管理决策人员及产品终端用户等）、不同业务的智能服务需求（见图 7-4）。

与智能服务需求相关的研究
1　虚拟装配、设备维护、工艺调试等物理现场操作指导服务需求。
2　复杂生产任务动态优化调度、动态制造过程仿真、复杂工艺自优化配置、设备控制策略自适应调整等专业化技术服务需求。
3　数据可视化、趋势预测、需求分析与风险评估等智能决策服务需求。
4　面向产品终端用户功能体验、沉浸式交互、远程操作等"傻瓜式"和便捷式服务需求。

图 7-4　与智能服务需求相关的研究

因此，如何实现数字孪生应用过程中所需的各类数据、模型、算法、仿真、结果等的服务化，以应用软件或移动端 App 的形式为用户提供相应的智能服务，是发展数字孪生面临的又一难题。

可以预见，随着智能制造的发展，互联网创业将从之前相对单一的"虚拟"商业创业向制造业或智能制造与高端制造方向转移，基于物联网技术的产业风口正在形成，这将在一定程度上促进数字孪生相关服务研究、应用的拓展。

7.1.5　普适工业互联需求

普适工业互联（包括物理实体间的互联与协作，物理实体与虚拟实体的虚实互联与交互，物理实体与数据／服务间的双向通信与闭环控制，虚拟实体、数据及服务间的集成与融合等）是实现数字孪生虚实交互与融合的基石，如何实现普适的工业互联是数字孪生应用的前提。

目前，部分研究已开始探索面向数字孪生的实时互联方法，包括面向智能制造多源异构数据实时采集与集成的工业互联网 Hub（II Hub）、基于 Automation ML 的信息系统实时通信与数据交换、基于 MT Connect 的现场物理设备与模型及用户的远程交互，以及基于中间件的物理实体与虚拟实体的互联互通等。5G 技术的发展将在一定程度上有效解决虚实双向信息交互的管道问题。

7.1.6　动态多维、多时空尺度模型需求

模型是数字孪生落地应用的引擎。当前针对物理实体的数字化建模主要集中在对几何与物理维度模型的构建上，缺少能同时反映物理实体对象的几何、物理、行为、规则及约束的多维动态模型的构建。

而在不同维度上，缺少从不同空间尺度来刻画物理实体不同粒度的属性、行为、特征等的"多空间尺度模型"，同时缺少从不同时间尺度来刻画物理实体随时间推进的演化过程、实时动态运行过程、外部环境与干扰影响等的"多时间尺度模型"。

此外，从系统的角度出发，缺乏不同维度、不同空间尺度、不同时

间尺度模型的集成与融合。模型不充分、不完整的问题，导致现有虚拟实体模型不能真实客观地描述和刻画物理实体，从而导致相关结果（如仿真结果、预测结果、评估及优化结果）不够精准[29]。

因此，由于数字孪生是一项相对新的技术，尤其在向民用领域的拓展过程中，由于缺乏物理空间多维度应用的相关模型与数据，如何构建动态多维、多时空尺度模型，是数字孪生技术目前发展与实际应用面临的科学挑战。

7.2　数字孪生的五维模型

为适应新趋势与新需求，解决数字孪生应用过程中遇到的难题，让数字孪生能够在更多领域落地应用，北京航空航天大学数字孪生技术研究团队对已有的数字孪生的三维模型进行了扩展，增加了孪生数据和服务两个新维度，创造性地提出了数字孪生五维模型的概念，并对数字孪生五维模型的组成架构及应用准则进行了研究[30]。

数字孪生五维模型如下式所示：

$$M_{DT} = （PE，VE，Ss，DD，CN）$$

式中：PE 表示物理实体，VE 表示虚拟实体，Ss 表示服务，DD 表示孪生数据，CN 表示各组成部分间的连接。

根据上式，数字孪生五维模型结构如图 7-5 所示。

数字孪生五维模型能满足上节所述的数字孪生应用的新需求。

29　陶飞，等：《数字孪生五维模型及十大领域应用》，《计算机集成制造系统》2019年第25期。

30　陶飞，等：《数字孪生五维模型及十大领域应用》，《计算机集成制造系统》2019年第25期。

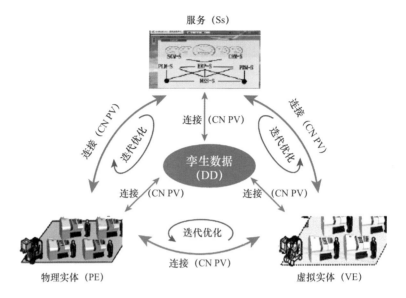

图 7-5　数字孪生五维模型结构示意图

　　首先，M_{DT} 是一个通用的参考架构，能适用于不同领域的不同应用对象。其次，它的五维结构能与物联网、大数据、人工智能等新的 IT 技术集成与融合，满足信息物理系统集成、信息物理数据融合、虚实双向连接与交互等需求。最后，孪生数据集成融合了信息数据与物理数据，满足信息空间与物理空间的一致性与同步性需求，能提供更加准确、全面的全要素 / 全流程 / 全业务数据支持。

　　服务（Ss）在数字孪生应用过程中面向不同领域、不同层次用户、不同业务所需的各类数据、模型、算法、仿真、结果等进行服务化封装，并以应用软件或移动端 App 的形式提供给用户，实现对服务的便捷与按需使用。连接（CN）实现物理实体、虚拟实体、服务及数据之间的普适工业互联，从而支持虚实实时互联与融合。虚拟实体（VE）从多维度、多空间尺度及多时间尺度对物理实体进行刻画和描述。

7.2.1 物理实体（PE）

PE 是数字孪生五维模型的构成基础，对 PE 的准确分析与有效维护是建立 M_{DT} 的前提。PE 具有层次性，按照功能及结构一般分为单元级（Unit）PE、系统级（System）PE 和复杂系统级（System of Systems）PE 三个层级。以数字孪生车间为例，车间内各设备可视为单元级 PE，是功能实现的最小单元；根据产品的工艺及工序，由设备组合配置构成的生产线可视为系统级 PE，可以完成特定零部件的加工任务；由生产线组成的车间可视为复杂系统级 PE，是一个包括了物料流、能量流与信息流的综合复杂系统，能够实现各子系统间的组织、协调及管理等。根据不同应用需求和管控粒度对 PE 进行分层，是分层构建 M_{DT} 的基础。例如，针对单个设备构建单元级 M_{DT}，从而实现对单个设备的监测、故障预测和维护等；针对生产线构建系统级 M_{DT}，从而对生产线的调度、进度控制和产品质量控制等进行分析及优化；针对整个车间，可构建复杂系统级 M_{DT}，对各子系统及子系统间的交互与耦合关系进行描述，从而对整个系统的演化进行分析与预测。

7.2.2 虚拟实体（VE）

VE 如下式所示，包括几何模型（Gv）、物理模型（Pv）、行为模型（Bv）和规则模型（Rv），这些模型能从多时间尺度、多空间尺度对 PE 进行描述与刻画：

$$VE = (Gv, Pv, Bv, Rv)$$

式中：Gv 为描述 PE 几何参数（如形状、尺寸、位置等）与关系（如装配关系）的三维模型，与 PE 具备良好的时空一致性，对细节层次的渲染可使 Gv 从视觉上更加接近 PE。Gv 可利用三维建模软件（如 SolidWorks、3D MAX、ProE、AutoCAD 等）或仪器设备（如三维扫描仪）来创建。

Pv 在 Gv 的基础上增加了 PE 的物理属性、约束及特征等信息，通常可用 ANSYS、ABAQUS、Hypermesh 等工具从宏观及微观尺度进行动态的数学近似模拟与刻画，如结构、流体、电场、磁场建模仿真分析等。

Bv 描述了不同粒度、不同空间尺度下的 PE 在不同时间尺度下的外部环境与干扰，以及内部运行机制共同作用下产生的实时响应及行为，如随时间推进的演化行为、动态功能行为、性能退化行为等。

创建 PE 的行为模型是一个复杂的过程，涉及问题模型、评估模型、决策模型等多种模型的构建，可利用有限状态机、马尔可夫链、神经网络、复杂网络、基于本体的建模方法进行 Bv 的创建。

Rv 包括基于历史关联数据的规律规则、基于隐性知识总结的经验，以及相关领域标准与准则等。

这些规则随着时间的推移自增长、自学习、自演化，使 VE 具备实时的判断、评估、优化及预测的能力，从而不仅能对 PE 进行控制与运行指导，还能对 VE 进行校正与一致性分析。Rv 可通过集成已有的知识获得，也可利用机器学习算法不断挖掘产生新规则。

通过对上述四类模型进行组装、集成与融合，从而创建对应 PE 的完整 VE。同时通过模型校核、验证和确认（VV&A）VE 的一致性、准确度、灵敏度等，保证 VE 能真实映射 PE。

此外，可使用 VR 与 AR 技术实现 VE 与 PE 虚实叠加及融合显示，增强 VE 的沉浸性、真实性及交互性，虚拟实体 VE 将会成为数字孪生应用过程中的一个关键呈现于交互界面。

7.2.3　服务（Ss）

　　Ss 是指对数字孪生应用过程中对所需的各类数据、模型、算法、仿真、结果进行服务化封装，以工具组件、中间件、模块引擎等形式支撑数字孪生内部功能运行与实现的"功能性服务（FService）"，以及以应用软件、移动端 App 等形式满足不同领域、不同用户、不同业务需求的"业务性服务（BService）"，其中 FService 为 BService 的实现和运行提供支撑。FService 的主要内容如图 7-6 所示。

FService的主要内容

1	**面向VE提供的模型管理服务** 建模仿真服务、模型组装与融合服务、模型 VV&A服务、模型一致性分析服务等。
2	**面向DD提供的数据管理与处理服务** 数据存储、封装、清洗、关联、挖掘、融合等服务。
3	**面向CN提供的综合连接服务** 数据采集服务、感知接入服务、数据传输服务、协议服务、接口服务等。

图 7-6　FService 的主要内容

　　BService 的主要内容如图 7-7 所示。

Bservice的主要内容

1	**面向终端现场操作人员的操作指导服务** 虚拟装配服务、设备维修维护服务、工艺培训服务。
2	**面向专业技术人员的专业化技术服务** 能耗多层次及多阶段仿真评估服务、设备控制策略自适应服务、动态优化调度服务、动态过程仿真服务等。
3	**面向管理决策人员的智能决策服务** 需求分析服务、风险评估服务、趋势预测服务等。
4	**面向终端用户的产品服务** 用户功能体验服务、虚拟培训服务、远程维修服务等。这些服务对于用户而言是一个屏蔽了数字孪生内部异构性与复杂性的黑箱，通过应用软件、移动端App等形式向用户提供标准的输入与输出，从而降低数字孪生应用实践中对用户专业能力与知识的要求，实现便捷的按需使用。

图 7-7　Bservice 的主要内容

7.2.4　孪生数据（DD）

DD 是数字孪生的驱动。如下式所示，DD 主要包括 PE 数据（Dp），VE 数据（Dv），Ss 数据（Ds），知识数据（Dk）及融合衍生数据（Df）：

$$DD =（Dp，Dv，Ds，Dk，Df）$$

式中：Dp 主要包括体现 PE 规格、功能、性能、关系等的物理要素属性数据与反映 PE 运行状况、实时性能、环境参数、突发扰动等的动态过程数据，可通过传感器、嵌入式系统、数据采集卡等进行采集；Dv 主要包括 VE 相关数据，如几何尺寸、装配关系、位置等几何模型相关数据，材料属性、载荷、特征等物理模型相关数据，驱动因素、环境扰动、运行机制等行为模型相关数据，约束、规则、关联关系等规则模型相关数据，以及基于上述模型开展的过程仿真、行为仿真、过程验证、评估、分析、预测等的仿真数据；Ds 主要包括 FService 的相关数据（如算法、模型、数据处理方法等）与 BService 的相关数据（如企业管理数据，生产管理数据，产品管理数据、市场分析数据等）；Dk 包括专家知识、行业标准、规则约束、推理推论、常用算法库与模型库等；Df 是对 Dp、Dv、Ds、Dk 进行数据转换、预处理、分类、关联、集成、融合等相关处理后得到的衍生数据，通过融合物理实况数据与多时空关联数据、历史统计数据、专家知识等信息数据得到信息物理融合数据，从而反映更加全面与准确的信息，并实现信息的共享与增值。

7.2.5　连接（CN）

CN 实现 M_{DT} 各组成部分的互联互通。如下式所示，CN 包括 PE

和 DD 的连接（CN_PD）、PE 和 VE 的连接（CN_PV）、PE 和 Ss 的连接（CN_PS）、VE 和 DD 的连接（CN_VD）、VE 和 Ss 的连接（CN_VS）、Ss 和 DD 的连接（CN_SD），

$$CN =（CN\_PD,\ CN\_PV,\ CN\_PS,$$
$$CN\_VD,\ CN\_VS,\ CN\_SD）$$

式中：

（1）CN_PD 实现 PE 和 DD 的交互。

可利用各种传感器、嵌入式系统、数据采集卡等对 PE 数据进行实时采集，通过 MTConnect、OPC-UA、MQTT 等协议规范传输至 DD；相应地，DD 中经过处理的数据或指令可通过 OPC-UA、MQTT、CoAP 等协议规范传输并反馈给 PE，实现 PE 的运行优化。

（2）CN_PV 实现 PE 和 VE 的交互。

CN_PV 与 CN_PD 的实现方法与协议类似，采集的 PE 实时数据传输至 VE，用于更新校正各类数字模型；采集的 VE 仿真分析等数据转化为控制指令下达至 PE 执行器，实现对 PE 的实时控制。

（3）CN_PS 实现 PE 和 Ss 的交互。

同样地，CN_PS 与 CN_PD 的实现方法及协议类似，采集的 PE 实时数据传输至 Ss，实现对 Ss 的更新与优化；Ss 产生的操作指导、专业分析、决策优化等结果以应用软件或移动端 App 的形式提供给用户，通过人工操作实现对 PE 的调控。

（4）CN_VD 实现 VE 和 DD 的交互。

通过 JDBC、ODBC 等数据库接口，一方面将 VE 产生的仿真及相关

数据实时存储到 DD 中，另一方面实时读取 DD 的融合数据、关联数据、生命周期数据等驱动动态仿真。

（5）CN_VS 实现 VE 和 Ss 的交互。

可通过 Socket、RPC、MQSeries 等软件接口实现 VE 与 Ss 的双向通信，完成直接的指令传递、数据收发、消息同步等。

（6）CN_SD 实现 Ss 和 DD 的交互。

与 CN_VD 类似，通过 JDBC、ODBC 等数据库接口，一方面将 Ss 的数据实时存储到 DD，另一方面实时读取 DD 中的历史数据、规则数据、常用算法及模型等支持 Ss 的运行与优化[31]。

7.3 数字孪生五维模型的十五大应用领域

数字孪生是近年来兴起的非常前沿的新技术，或者说是最近几年才走入民用领域的一项技术。对数字孪生的简单理解就是利用物理模型并使用传感器获取数据的仿真过程，在虚拟空间中完成映射，以反映相对应的实体的全生命周期过程；数字孪生技术可以理解为通过传感器或者其他形式的监测技术，将物理实体空间借助于计算机技术手段镜像到虚拟世界的一项技术。可以说，在未来，物理世界中的各种事物都将可以使用数字孪生技术进行复制。

在工业领域，通过数字孪生技术的使用，将大幅推动产品在设计、生产、维护及维修等环节的变革。在对数字孪生技术研究探索的基础上，可以预见其即将在以下几大领域中落地，并将推动这些产业更快、

31　陶飞，等：《数字孪生五维模型及十大领域应用》，《计算机集成制造系统》2019年第25期。

更有效地发展，如五维模型在卫星／空间通信网络、船舶、车辆、发电厂、飞机、复杂机电装备、立体仓库、医疗、制造车间、智慧城市、智能家居、智能物流、建筑、远程监测、人体健康管理领域中产生巨大影响与改变。

7.3.1 卫星／空间通信网络

近年来，随着卫星技术的快速发展，卫星通信技术及其应用取得了较大进步。空间信息网络作为卫星网络的进一步延伸，将卫星网络、各种空间航天器和地面宽带网络联系起来，形成智能化体系，具有巨大的研究意义和应用前景。空间信息网络由于节点及链路动态时变、网络时空行为复杂、业务类型差异巨大的特点，导致在网络模型构建、网络节点管控、动态组网机理、时变网络传输等方面对网络建设提出了重大挑战。将数字孪生技术引入空间通信网络构建中，参照数字孪生五维模型，构建数字孪生卫星（单元级）、数字孪生卫星网络（系统级）及数字孪生空间信息网络（复杂系统级），搭建数字孪生空间信息网络管理平台（见图 7-8），可实现卫星的全生命周期管控、时变卫星网络优化组网及空间信息网络构建与优化。

1. 数字孪生卫星

卫星作为高成本的复杂航天产品，其设计、总装等过程一直存在数字化程度低、智能水平低等问题，同时，卫星入轨后，其健康监控与维修维护也是一项难以解决的技术难题。将数字孪生技术引入卫星全生命周期中，可实现如图 7-9 所示的三个方面的应用。

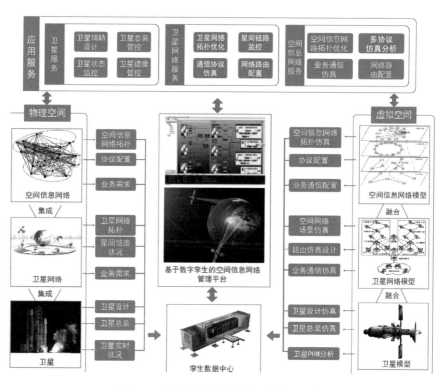

图 7-8　数字孪生空间信息网络管理平台

数字孪生在卫星全生命周期中的应用	
1	借助孪生模型与仿真，辅助卫星的三维设计与验证。
2	结合设计模型与数字孪生总装平台，实现总装数字化、智能化。
3	基于数字孪生的卫星故障预测与健康管理，借助传感器数据及运行数据，结合模型与算法，实现卫星的远程监控、状况评估、预测故障发生、定位故障原因并制定维修策略。

图 7-9　数字孪生在卫星全生命周期中的应用

2. 数字孪生卫星网络

卫星网络节点高速运行、链路动态变化，对卫星网络拓扑结构时变重构提出了极高的要求。构建数字孪生卫星时变网络，是借助高拟真的网络模型和相关协议、算法，结合卫星当前状态数据、历史数据及相关专家知识库，建立与实际卫星网络镜像映射的虚拟网络，并以此实现对网络行为的高精度仿真，实时辅助卫星网络拓扑的构建。

3. 数字孪生空间信息网络

在卫星时变网络组网的基础上，整合相关资源，搭建数字孪生空间信息网络平台，能够实现对整个网络状态与信息的实时监控，并借助相关协议模型、算法及仿真工具，对网络场景与通信行为进行仿真，进而对空间信息网络实现路由预设置、资源预分配、设备预维护，实现空间信息网络的构建与优化。

7.3.2 船舶

面对全球制造业产业转型升级趋势，设计能力落后、运维管控数字化水平低、配套产业发展滞后等问题仍制约着船舶行业的发展。如图 7-10 所示，将数字孪生技术与船舶工业相结合，参照数字孪生五维模型，开展基于数字孪生的船舶设计、制造、运维、使用等全生命周期一体化管控，是解决上述问题的有效手段。

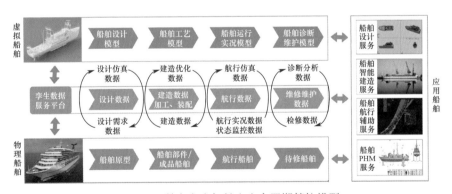

图 7-10　数字孪生船舶全生命周期管控模型

1. 基于数字孪生的船舶精细化设计

当前船舶设计存在如图 7-11 所示的不足。

当前船舶设计存在的不足	
1	缺乏完整、充分、有效的船舶全生命周期数据支持，无法形成有效的知识库辅助设计决策。
2	设计模型复杂，各学科模型难以统一。
3	缺乏精确的仿真方法，设计验证困难、周期长。

图 7-11　当前船舶设计存在的不足

针对上述问题将数字孪生技术引入船舶设计中，大量的船舶数字孪生数据能够支持知识数据库的建立，并辅助相关的建模工作；采用数字孪生建模技术及模型融合理论，能够为各学科模型的构建与融合提供解决思路；数字孪生的高拟真仿真环境，可以提高设计验证能力、加快设计速度、提高设计精度。

2. 基于数字孪生的船舶智能建造

船舶建造的质量影响着产品的最终性能、质量、研制周期及成本。目前，船舶建造正在向数字化建造转型，但仍存在着原型设计与工艺设计脱节、零件管理复杂、二维工艺文件直观性差等问题。搭建基于数字孪生的船舶智能建造系统，将数字孪生船舶设计与工艺仿真结合，可以实现对现场的实时监控、数字化管理和工艺优化，同时以三维工艺文件的形式辅助工人操作，并将工人装配经验和知识转化为知识库，可用于后续的工艺指导和仿真训练。

3. 基于数字孪生的船舶辅助航行

船舶舱内信息相对封闭，舱外环境复杂多变，航行时难以监控。同时，对于大型舰船，其航行运转需要船内各个系统的配合，整体系统调度缺乏数字化统一管控。针对以上现状，结合数字孪生技术搭建船舶辅助航行平台，一方面可以采集实时数据，监控船舶的各种状况，实时反馈给船员，另一方面能够调度管控船舶各系统，并借助相关优化策略，辅助船员控制航行。

4. 数字孪生驱动的船舶故障预测与健康管控

安全运维对船舶具有极其重要的意义，准确有效的运维方法能够大大提高船舶故障预测、健康管理的效率成本。

目前，对船舶整体结构的故障预测与健康管理的工作相对不足，既受限于实时数据的缺乏，同时在理论方法上也有着大量不足。基于数字孪生的船舶故障预测与健康管理，能够基于动态实时数据的采集与处理，实现快速捕捉故障现象、准确定位故障原因，同时评估设备状态，进行预测维修。

7.3.3 车辆

车辆作为人类最主要的交通工具，具有一个涵盖材料科学、机械设计、控制科学等多学科的复杂系统。在多样化的工作条件下，车辆的壳体材料、内部构造、零部件及功能等在工作过程中均可能出现异常状况。不同的毁伤源（如碰撞、粉尘、外部攻击等）会对车辆造成不同程度的影响，因此需要对车辆进行抗毁伤性能评估。

现阶段对车辆抗毁伤性能评估一般采用物理模拟毁伤的方式，但是这种方式费用高且精度低、置信度差。参照数字孪生五维模型提出一种基于数字孪生技术的车辆抗毁伤评估方法，从材料、结构、零部件及功能等多维度对车辆的抗毁伤性能进行综合评价。该系统的运行机制如图7-12 所示。

166

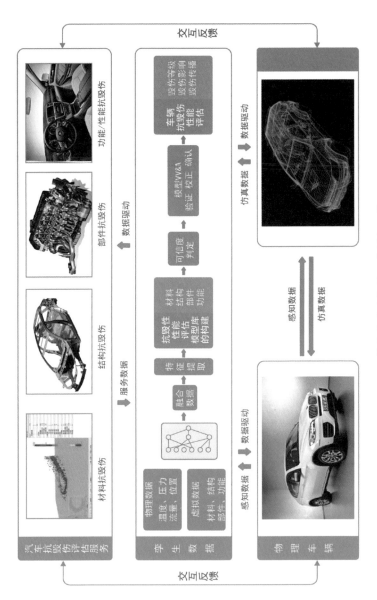

图 7-12 数字孪生车辆抗毁伤性能评估

基于数字孪生的车辆抗毁伤性能评估是通过对实体车辆与虚拟车辆的实时信息交互与双向真实映射，实现物理车辆、虚拟车辆及服务的全生命周期、全要素、全业务数据的集成和融合，从而提供可靠的抗毁伤评估服务。数字孪生车辆由物理车辆、虚拟车辆、孪生数据、动态实时连接及服务部分组成。物理车辆由车辆本身及其传感系统共同组成，传感系统从车辆实体中采集毁伤相关数据并传递到虚拟空间，支持虚拟车辆的高精度仿真。物理数据与虚拟数据等进行融合，从而进行虚拟车辆抗毁伤性能的特征提取并辅助模型的构建。虚拟模型是包含几何模型、物理模型、行为模型及规则模型的多维度融合的高保真模型，能够真实刻画和映射物理车辆的状态。动态实时连接是在现代信息传输技术的驱动下，通过高效、快捷、准确的检测技术，实现实体车辆、虚拟车辆、服务等之间的实时信息交互。车辆抗毁伤性能评估是整合车辆的历史数据及实时数据进行分析、处理、评估，从车辆的材料、结构、零部件、功能等方面进行多维度的综合分析。

基于数字孪生，车辆能够实现对其材料性能、结构变化、零部件完整性及功能运行进行精确仿真，从而对车辆的抗毁伤状态进行精准预测与可靠评估，使车辆的毁伤情况和抗毁伤性能得到更加全面和深入地反映。

此外，相关数据的积累能够促进下一代车辆产品抗毁伤性能的改进和优化。

7.3.4　发电厂

火力发电是目前我国最主要的发电方式。由于火力发电厂需要长时间运行，并且工作环境复杂、温度高、粉尘多，发电厂设备不可避免地会发生故障，因此实现发电厂设备健康平稳地运行，从而保证电力的稳定供给及电力系统的可靠与安全具有至关重要的意义。为实现上述目标，北京必可测科技股份有限公司开发了基于数字孪生的发电厂智能管控系统，如图7-13所示，实现了汽轮发电机组轴系可视化智能实时监控、可视化大型转机在线精密诊断、地下管网可视化管理及可视化三维作业指导等应用服务。

1. 汽轮发电机组轴系可视化智能实时监控系统

该系统基于采集的汽轮机轴系实时数据、历史数据及专家经验等，在虚拟空间构建了高仿真度的轴系三维可视化虚拟模型，从而能够观察汽轮机内部的运行状态。该系统能够对汽轮机状态进行实时评估，从而准确预警并防止汽轮机超速、汽轮机断轴、大轴承永久弯曲、烧瓦、油膜失稳等事故；帮助优化轴承设计、优化阀序及开度、优化运行参数，从而大大提高汽轮发电机组的运行可靠度。

2. 可视化大型转机在线精密诊断系统

该系统基于构建的大型转机虚拟模型及孪生数据分析结果，可以实时远程地显示设备状态、元件状态、问题严重程度、故障描述、处理方法等信息，能够实现对设备的远程在线诊断。工厂运维人员能够访问在线系统报警所发出的电子邮件、页面和动态网页，并能够通过在线运行的虚拟模型查看转机状态的详细情况。

3. 地下管网可视化管理系统

运用激光扫描技术并结合平面设计图，建立完整、精确的地下管网三维模型。该模型可以真实地显示所有扫描部件、设备的实际位置、尺寸大小及走向，且可将管线的图形信息、属性信息及管道上的设备、连接头等信息进行录入。基于该模型实现的地下管网可视化系统不仅能够

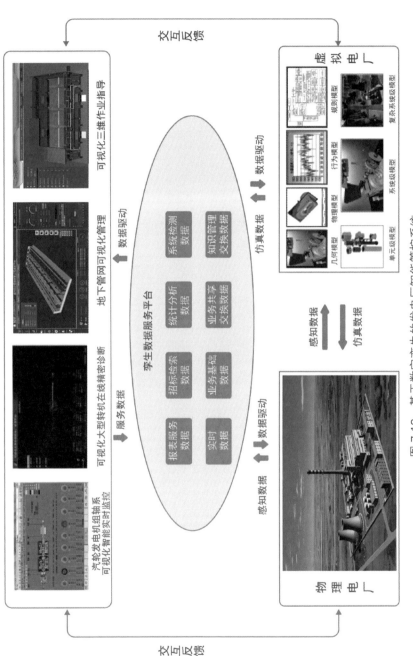

图 7-13 基于数字孪生的发电厂智能管控系统

三维地显示、编辑、修改、更新地下管网系统，还可对地下管网有关图形、属性信息进行查询、分析、统计与检索等。

4. 可视化三维作业指导系统

基于设备的实时数据、历史数据、领域知识及三维激光扫描技术等建立完整、精确的设备三维模型。该模型可以与培训课程联动，形成生动的培训教材，从而帮助新员工较快掌握设备结构；可以与检修作业指导书相关联，形成三维作业指导书，规范员工的作业；可以作为员工培训和考核的工具。

基于数字孪生的发电厂智能管控系统实现了对关键设备的透视化监测、故障精密远程诊断、可视化管理及员工作业精准模拟等，能够满足设备的状态监测、远程诊断、运维等的各项需求，并实现了与用户之间直观的可视化交互。

7.3.5 飞机

飞机总体设计是飞机研制的根基，现阶段的飞机优化设计仍存在变量耦合度高、数据缺乏、指标获取困难等问题。作为飞机重要的承力与操纵性部件，起落架承受着静态和动态的高负载，周而复始的工作更会对其结构产生破坏，如何实现对起落架的结构优化设计，对飞机的安全与可靠性有着重要意义。

如图 7-14 所示，北航团队与沈阳飞机工业集团合作，以飞机起落架为例，参照数字孪生五维模型，探索了基于数字孪生的飞机起落架载荷预测辅助优化设计方法。

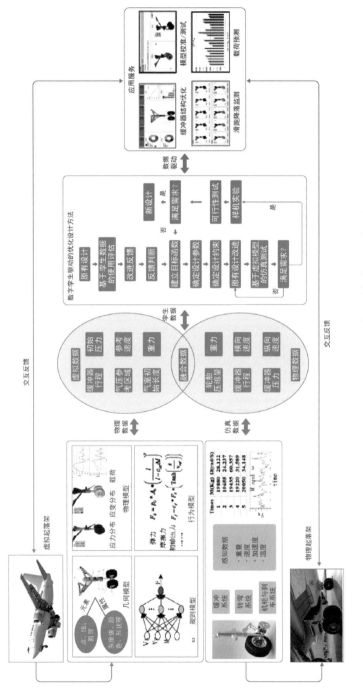

图 7-14 数字孪生驱动的飞机起落架结构优化设计示意图

171

第 7 章 数字孪生技术面临的挑战与发展趋势

在飞机的着陆与滑跑过程中，起落架和飞机机身都将承受很大的冲击载荷，其中垂直方向的冲击载荷被认为是影响飞机起落架结构疲劳损伤的重要因素，对起落架的设计也起到关键性辅助及指导作用。垂直冲击载荷的影响因素众多并相互耦合，其主要影响因素与载荷是一种复杂的非线性关系，传统的基于内部机理分析为基础的建模方法很难建立起落架载荷的精确模型。将数字孪生技术应用于载荷预测，是在建立起落架数字孪生五维模型的基础上，获得与载荷密切相关的物理数据（如当量质量、垂直速度、攻角等）、虚拟数据（如缓冲压力、缓冲器行程、效率系数等）及融合数据，并利用现有的数据融合方法，即可准确地预测载荷，从而预测冲击载荷。随后即可利用其进行起落架结构优化计算，最终通过结构优化达到减轻重量、提高可靠性、提高设计效率、降低设计成本等目标。在已存在的设计结构优化阶段，可利用数字孪生对设计进行使用评估，并形成改进反馈。当与来自消费者的需求与意见结合后，若起落架迭代判断无需优化则无需重新设计，若需要进行起落架结构更新则进行优化设计。传统的优化设计过程主要分为建立目标函数、确定设计变量、明确设计约束等步骤，在此理论基础上，结合数字孪生的特点，利用虚拟模型对已有设计进行迭代改进与测试。若满足设计需求则最终形成新设计，若不满足则重复进行优化设计步骤直至得到满足设计需求且具有可行性的新设计。

采用数字孪生技术后，可综合大量的试验、实测、计算案例进行产品设计使用仿真，并将以往的真实测试环境参数融入起落架模型设计。对部分在传统起落架结构优化设计中需大量人力、物力实验才可测得的数据，可利用数字孪生模型进行准确而高效的计算，极大地简化了迭代设计步骤并提升了设计效率。经过计算和分析后，若结构优化设计评估结果收敛，则可生成结构优化设计方案。

7.3.6　复杂机电装备

复杂机电装备具有结构复杂、运行周期长、工作环境恶劣等特点。实现复杂机电装备的失效预测、故障诊断、维修维护，保证复杂机电装备的高效、可靠、安全运行，对整个电力系统极为重要。故障预测与健康管理（Prognostics and Health Management，PHM）技术可利用各类传感器及数据处理方法，对设备状态监测、故障预测、维修决策等进行综合考虑与集成，从而提升设备的使用寿命与可靠性。然而，现阶段的 PHM 技术存在模型不准确、数据不全面、虚实交互不充分等问题，这些问题的根本是缺乏信息物理的深度融合。将数字孪生五维模型引入 PHM 中，首先对物理实体建立数字孪生五维模型并校准，然后基于模型与交互数据进行仿真，对物理实体参数与虚拟仿真参数的一致性进行判断，再根据二者的一致 / 不一致性，可分别对渐发性与突发性故障进行预测与识别，最后根据故障原因及动态仿真验证进行维修策略的设计。该方法在风力发电机的健康管理上进行了应用探讨，如图 7-15 所示。

在物理风机的齿轮箱、电机、主轴、轴承等关键零部件上部署相关传感器可进行数据的实时采集与监测。基于采集的实时数据、风机的历史数据及领域知识等可对虚拟风机的几何—物理—行为—规则多维虚拟模型进行构建，实现对物理风机的虚拟映射。基于物理风机与虚拟风机的同步运行与交互，可通过物理与仿真状态交互与对比、物理与仿真数据融合分析，以及虚拟模型验证分别实现面向物理风机的状态检测、故障预测及维修策略设计等功能。这些功能可封装成服务，并以应用软件的形式提供给用户。

基于数字孪生五维模型的 PHM 方法可利用连续的虚实交互、信息物理融合数据，以及虚拟模型仿真验证增强设备状态监测与故障预测过程中的信息物理融合，从而提升 PHM 方法的准确性与有效性。

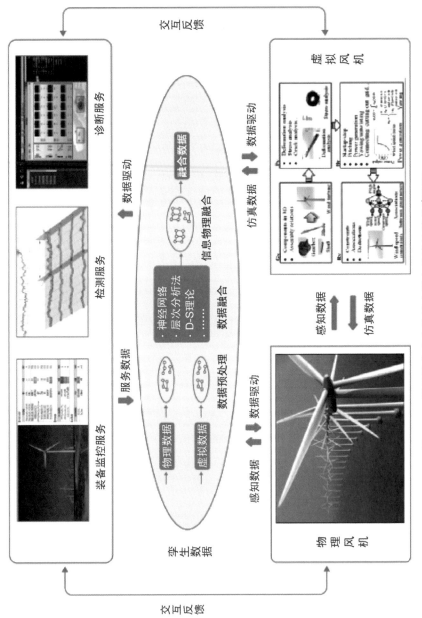

图 7-15 基于数字孪生的风力发电机齿轮箱故障预测

7.3.7 立体仓库

自动化立体仓库是一种利用高层立体货架来实现高效的货物自动存取的仓库，由存储货架、出入库设备、信息管控系统组成，集仓储技术、精准控制技术、计算机信息管理系统于一身，是现代物流系统的重要组成部分。但目前用传统方法设计的立体仓库仍然存在着出库调度效率低、仓库利用率低、吞吐量有待提高等问题。

如图 7-16 所示，基于数字孪生五维模型可为立体仓库的再设计优化、远程运维及共享等问题提供有效解决方案。

1. 基于数字孪生的立体仓库再设计优化

基于数字孪生的立体仓库再设计优化是通过建立立体仓库中各个设备的数字孪生五维模型，依托设计演示平台实现近物理的半实物仿真设计。利用该平台，可以对仓库布局进行三维图像设计，同时基于货架设备、运输设备、机器人设备等进行半实物仿真验证，并完成几何建模、动作脚本编写、指令接口与信息接口定义，实现模块化封装和定制模型接口设计。

2. 基于数字孪生的立体仓库远程运维

借助立体仓库及其设备的数字孪生五维模型，搭建面向用户的远程运维服务平台，可实现基于数字孪生的立体仓库远程运维。通过建立与立体仓库完全映射的虚拟模型，结合立体仓库的数据信息及各类算法，实现对立体仓库的实时模拟与优化仿真，对仓库进行实时状态与信息监控的同时，将货存管理、货位管理、费用管理、预警管理、预测性维护、作业调度等功能以软件服务的形式提供给不同需求的使用者。

数字孪生

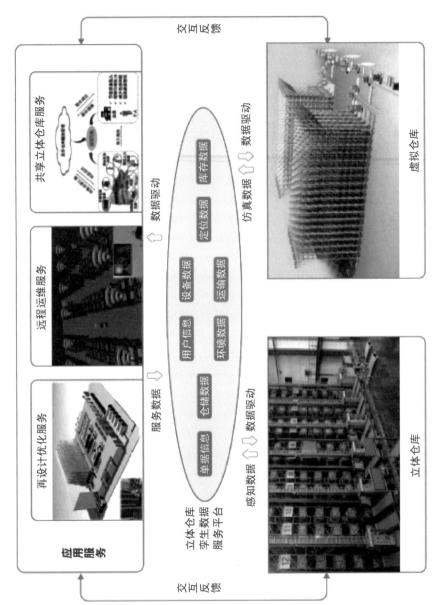

图 7-16 基于数字孪生五维模型的立体仓库

3. 基于数字孪生的共享立体仓库

基于数字孪生的共享立体仓库是连接仓储资源供需的最优化资源配置的一种新方式。共享立体仓库首先将闲置的仓储设施、搬运设备、货物运输、终端配送、物流人力等资源进行统一整合与汇集，然后上传到共享仓库服务管理云平台进行统一调度与管理，平台将这些资源以分享的形式按需提供给需要使用的企业和个人，以期达到效用均衡。共享立体仓库不仅节省了企业和个人的资金投入，缓解了存储压力，还减少了投资风险。基于数字孪生的立体仓库设计，可以实现立体仓库的准确、快速设计，节约设计成本，便于仓库的个性化定制，具有针对性；在设计过程中平台可接收实时传输的数据信息，便于设计校对与更改，实现迭代优化设计；通过远程运维服务平台可以远程调度处理仓库信息，提高仓库运行效率；共享立体仓库可以实现资源的最大化有效利用，节省资源，降低成本。

7.3.8 医疗

随着经济的发展和生活水平的提高，人们越来越意识到健康的重要性。然而，疾病"预防缺"、患者"看病难"、医生"任务重"、手术"风险大"等问题依然困扰着医疗服务的发展。

数字孪生技术的进步和应用使其成了改变医疗行业现状的有效切入点。未来，每个人都将拥有自己的人体数字孪生体。如图7-17所示，结合医疗设备数字孪生体（如手术床、监护仪、治疗仪等）与医疗辅助设备数字孪生体（如人体外骨骼、轮椅、心脏支架等），数字孪生将成为个人健康管理、健康医疗服务的新平台和新实验手段。

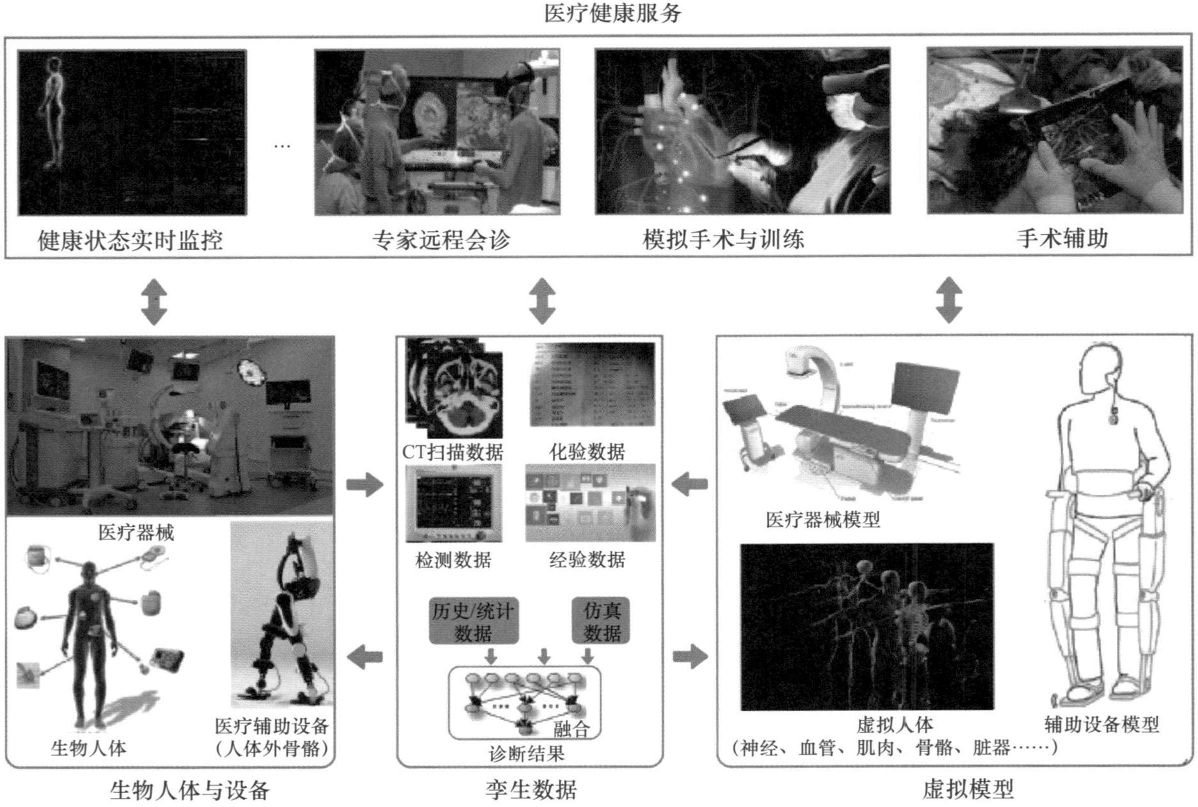

图 7-17 数字孪生医疗系统示意图

基于数字孪生五维模型，数字孪生医疗系统主要由以下部分组成。

1. 生物人体

通过各种新型医疗检测和扫描仪器及可穿戴设备，可对生物人体进行动静态多源数据采集。

2. 虚拟人体

基于采集的多时空尺度、多维数据，通过建模可完美地复制出虚拟人体。其中，由几何模型体现人体的外形和内部器官的外观和尺寸；物理模型体现的是神经、血管、肌肉、骨骼等的物理特征；生理模型体现的是脉搏、心率等生理数据和特征；而生化模型是最复杂的，要以组织、细胞和分子的多空间尺度，甚至毫秒、微秒数量级的多时间尺度展现人体生化指标。

3. 孪生数据

医疗数字孪生数据有来自生物人体的数据，包括 CT、核磁、心电图、彩超等医疗检测和扫描仪器检测的数据，血常规、尿检、生物酶等生化数据；有虚拟仿真数据，包括健康预测数据、手术仿真数据、虚拟药物试验数据等。此外，还有历史／统计数据和医疗记录等。这些数据融合产生诊断结果和治疗方案。

4. 医疗健康服务

基于虚实结合的人体数字孪生，医疗数字孪生提供的服务包括健康状态实时监控、专家远程会诊、虚拟手术验证与训练、医生培训、手术辅助、药物研发等。

5. 实时数据连接

实时数据连接保证了物理虚拟的一致性，为诊断和治疗提供了综合数据基础，提高了诊断准确性、手术成功率。

基于人体数字孪生，医护人员可通过各类感知方式获取人体动静态多源数据，以此来预判人体患病的风险及概率。依据反馈的信息，人们可以及时了解自己的身体情况，从而调整饮食及作息。一旦出现病症，各地专家无需见到患者，即可基于数字孪生模型进行可视化会诊，确定病因并制定治疗方案。当需要手术时，数字孪生协助术前拟订手术步骤计划；医学实习生可使用头戴显示器在虚拟人体上预实施手术方案验证，如同置身于手术场景，可以从多角度及多模块尝试手术过程验证可行性，并改进到满意为止。

借助人体数字孪生还可以训练和培训医护人员，以提高医术技巧和成功率。在手术实施过程中，数字孪生可增加手术视角及警示危险，预测潜藏的出血隐患，有助于临场的准备与应变。

此外，在人体数字孪生体上进行药物研发，结合分子细胞层次的虚拟模拟进行药物实验和临床实验，可以大幅度降低药物研发周期。医疗数字孪生还有一个愿景，即从孩子出生就可以采集数据，形成人体数字孪生体，伴随孩子同步成长，作为孩子终生的健康档案和医疗实验体。

7.3.9 制造车间

车间是制造业的基础单元，实现车间的数字化和智能化是实现智能制造的迫切需要。随着信息技术的深入应用，车间在数据实时采集、信息系统构建、数据集成、虚拟建模及仿真等方面获得了快速发展，在此基础上，实现车间信息与物理空间的互联互通与进一步融合将是车间的发展趋势，也是实现车间智能化生产与管控的必经之路。

将数字孪生技术引入车间，目的是实现车间信息与物理空间的实时交互与深度融合。数字孪生车间包括物理车间、虚拟车间、车间服务系统、车间孪生数据及两两之间的连接。在融合的孪生数据的驱动下，数字孪生车间的各部分能够实现迭代运行与双向优化，从而使车间管理、计划与控制达到最优。

1. 数字孪生车间设备健康管理

车间的设备健康管理方法主要包括基于物理设备与虚拟模型实时交互与比对的设备状态评估、信息物理融合数据驱动的故障诊断与预测，以及基于虚拟模型动态仿真的维修策略设计与验证等步骤。基于数字孪生技术，能够实现对车间设备性能退化的及时捕捉、故障原因的准确定位，以及维修策略的合理验证。

2. 数字孪生车间能耗多维分析与优化

在能耗分析方面，信息物理数据间的相互校准与融合可以提高能耗数据的准确性与完整性，从而支持全面的多维、多尺度分析；在能耗优化方面，基于虚拟模型实时仿真可通过对设备参数、工艺流程及人员行为等进行迭代优化来降低车间能耗；在能耗评估方面，可以使用基于孪生数据挖掘产生的动态更新的规则与约束对实际能耗进行多层次、多阶段的动态评估。

3. 数字孪生车间动态生产调度

数字孪生能提高车间动态调度的可靠性与有效性。

（1）基于信息物理融合数据能准确预测设备的可用性，从而降低设备故障对生产调度的影响。

（2）基于信息物理实时交互，能对生产过程中出现的扰动因素（如设备突发故障、紧急插单、加工时间延长等）进行实时捕捉，从而及时触发再调度。

（3）基于虚拟模型仿真可以在调度计划执行前验证调度策略，保证调度的合理性。

4. 数字孪生车间过程实时控制

对生产过程进行实时全面的状态感知，满足虚拟模型实时自主决策对数据的需求，通过对控制目标的评估与预测产生相应的控制策略，并对其进行仿真验证。当实际生产过程与仿真过程出现不一致时，基于融合数据对其原因进行分析挖掘，并通过调控物理设备或校正虚拟模型实现二者的同步与双向优化。

7.3.10 智慧城市

城市是一个开放庞大的复杂系统，具有人口密度大、基础设施密集、子系统耦合等特点。如何实现对城市各类数据信息的实时监控，围绕城市的顶层设计、规划、建设、运营、安全、民生等多方面对城市进行高效管理，是现代城市建设的核心。

如图 7-18 所示，借助数字孪生技术，参照数字孪生五维模型，构建数字孪生城市，将极大改变城市面貌，重塑城市基础设施，实现城市管理决策协同化和智能化，确保城市安全、有序运行。

1. 物理城市

通过在城市天空、地面、地下、河道等各层面的传感器布设，可对城市运行的状态充分感知、动态监测。

2. 虚拟城市

通过数字化建模建立与物理城市相对应的虚拟模型，虚拟城市可模拟城市中的人、事、物、交通、环境等全方位事物在真实环境下的行为。

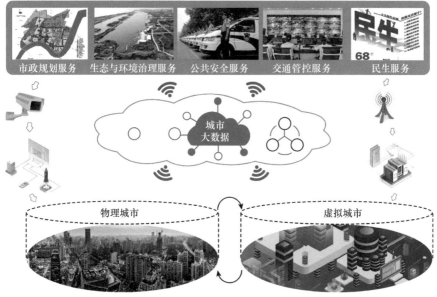

图 7-18　数字孪生城市示意图

3. 城市大数据

根据城市基础设施、交通、环境活动的各类痕迹，虚拟城市的模拟仿真及各类智能城市服务记录等汇聚成城市大数据，驱动数字孪生城市发展和优化。

4. 虚实交互

城市规划、建设及民众的各类活动，不但存在于物理空间中，而且在虚拟空间中得到了极大地扩充。虚实交互、协同与融合将定义城市未来发展新模式。

5. 智能服务

通过数字孪生对城市进行规划设计，指引和优化物理城市的市政规划、生态环境治理、交通管控，改善市民服务，赋予城市生活"智慧"。

我国政府将数字孪生城市作为实现智慧城市的必要途径和有效手段，雄安新区在规划纲要中明确指出要坚持数字城市与现实城市的同步规划、同步建设，致力于将雄安打造为全球领先的数字城市。中国信息通信研究院成功举办了三次数字孪生城市研讨会，研讨数字孪生城市的内涵特征、建设思路、总体框架、支撑技术体系等。阿里云研究中心发布《城市大脑探索"数字孪生城市"白皮书》，提出通过建立数字孪生城市，以云计算与大数据平台为基础，借助物联网、人工智能等技术手段，实现城市运行的生命体征感知、公共资源配置、宏观决策指挥、事件预测预警等，赋予城市"大脑"。

此外，从国外比较具有代表性的探索来看，Cityzenith 为城市管理搭建了"5D 智能城市平台"，基于这个平台，城市基础设施开发过程可以实现数字化及城市的数字化全生命周期管理。IBM Watson 展示了如何在城市建筑中使用数字孪生来控制暖通空调系统并监测室内气候条件，通过创建数字孪生建筑来辅助管理能源并进行故障预测，并为技术人员提供维护、控制等服务支持[32]。

数字孪生技术是实现智慧城市的有效技术手段，借助数字孪生技术，可以提升城市规划质量和水平，推动城市设计和建设，辅助城市管理和运行，让城市生活与环境变得更好。

7.3.11 智能家居

智能家居（见图 7–19）在 5G 时代是一个必然的技术产物，也可以理解为智慧城市的一个终端"细胞"，这个"细胞"是一个独立完整的个体组织。目前制约智能家居的最大问题是"智能不智"，这其中的关键因

---

32 陶飞，等：《数字孪生五维模型及十大领域应用》，《计算机集成制造系统》2019年第25期。

素就是构建的系统过于复杂，控制操作系统不能直观交互，智能设备的应用环境与设备运用无法有效监测，导致智能家居系统不智能。

图 7-19　智能家居

随着家居用品智能化越来越普及，需要一个中央管理系统对安全系统、电视网络、Wi-Fi、冰箱、太阳能、热水器、厨房设备、暖气 / 空调、车库、门禁、水电煤等系统进行统一管理、控制、监测。以目前的技术来看，正是由于使用与管理的复杂性，制约了智能家居产业的普及。

随着数字孪生技术的介入，用户所使用的物理实体居住空间及其所应用的设备借助于数字孪生技术同步到虚拟空间中，并同步实时监测设备的运行，以及通过虚拟模型的呈现进行简单、可视化的交互操作。与此同时，用户可以对环境及设备运行进行实时监测与管理，可以更有效地进行设备的维护，保障使用的可靠性与舒适性。

7.3.12　智能物流

未来的智能产品都将分为两类：一类是物理实体，一类是物理实体的数字孪生体。智能可以体现在产品的实体中，也可以放到数字孪生体中。物理实体与数字孪生体之间，借助于5G等可靠性强的传输技术有效保障了虚实之间的实时呈现。在数字孪生体中，除了产品档案，更多的是使用、监测、控制及维护的方法，当然还可以嫁接更多的功能。而数字孪生技术对于物流产业而言，将为智能物流带来重大的颠覆性创新（见图7-20）。比如，在全程无人化智能物流框架体系

（a）智能物流系统

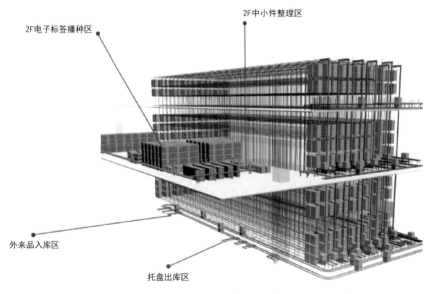

（b）制造业智能仓储系统

图7-20　智能物流

中，智能货架、搬运机器人、智能拣选模块、无人装车系统、无人卸车系统、无人卡车、无人机、配送机器人等物流智能物件的物理实体与数字孪生体进行关联，就能够建设智能物流系统控制平台，操作数字孪生体就能实时控制全程无人化智能物流系统，还能实时了解它们的工作状态，以及相关环节、部件的运作情况，方便今后的维修、追溯与使用。

数字孪生不仅包括实体物流网络物品的数字化，更包含物流系统本身和作业流程及设备的数字化，甚至是物流货物本身的虚拟化。数字孪生就像是数字化的双胞胎，实行的是虚拟与现实实时、同步，也就是将物理实体空间发生的事借助于数字孪生技术同步到虚拟空间中构建同样的场景，由此为各方提供更便捷、更直观的管控服务。数字孪生除了能够实时、智能地控制物流设备，意义更深远的是，数字孪生模型能持续积累智能物流设备与产品设计和制造相关的知识，不断实现管理与调用，实现持续性改进设计与创新。

7.3.13　建筑

对于建筑行业，尤其是复杂建筑领域，数字孪生技术将会成为其最核心的全过程应用技术（见图 7-21）。但数字孪生在建筑领域的应用与其他领域的应用有部分区别，数字孪生在建筑行业所采用的是反向技术，也就是说建筑设计师先设计好虚拟的建筑体，然后借助数字孪生技术，即通过数字化扫描实时监测物理实体空间的施工，并将数据实时镜像到数字孪生空间进行验证。

简单的理解就是先有虚拟空间，再借助扫描技术实时监测物理实体空间的施工技术、工艺、进度等，通过数字孪生镜像校验物理实体空间的施工是否符合设施要求，是否产生了偏差，是否能够有效、实时管控建筑实施的全过程，而不是施工后的事后验收，借助于数字孪生技术能够从根本意义上有效防范施工偏差，保障工程全过程的有效性。可以说，建筑行业将会是数字孪生技术的一个重要应用领域。

图 7-21　建筑行业

7.3.14　远程监测

　　未来，不论是大型工程设施还是工厂中的每个设备都拥有一个数字孪生体，也就是说都会借助于数字孪生技术进行镜像管理。通过数字孪生技术，我们可以精确地了解这些实体设备的运行方式，通过数字孪生模型与实体设备的无缝匹配，实时获取设备监控系统的运行数据，从而实现故障预判和及时维修。

　　监控对于数字孪生技术而言，只是一个相对初级的应用阶段，而数字孪生技术真正的价值在于虚实混合的控制，即借助于数字孪生技术在虚拟空间中直接对物理实体空间进行控制与管理。正如第 5 章中提到的智能家居管理一样，在工业与设备管理领域，甚至是未来的飞机驾驶都可以借助数字孪生技术控制实体飞机的驾驶与飞行。通过数字模型，我们可以实现设备的远程操控。未来，远程辅助、远程操作、远程紧急命令都将因数字孪生技术的存在而成为管理的常用词汇。

7.3.15 人体健康管理

未来，每个人都将拥有自己的数字孪生体。从孩子出生的那一刻开始，在虚拟空间中有一个镜像的"孩子"存在。人们借助于各种新型医疗检测和扫描仪器及可穿戴设备，不仅可以完美地复制出一个数字化身体，并可以追踪这个数字化身体每一部分的运动与变化，从而更好地进行健康监测和管理。

不仅如此，我们每天摄入的食物、接触的环境、工作的变化、情绪的波动都会被记录在数字孪生体中，而医生与医学研究人员则可以通过这些数据对我们的身体展开研究，包括环境与食物、药物对我们身体健康状况的影响等。当然还包括更为深入的脑机接口技术所衍生出的人类大脑的数字孪生。我们可以借助于脑机接口，通过数字孪生技术实时呈现、控制、干预我们的大脑活动，包括一些由大脑神经引发的疾病，都可以借助于数字孪生技术得到更有效的诊治。

当然，我们还可以借助于数字孪生技术让人与人之间实现远程的物理实体与虚拟空间的真实有效互动对话。在数字孪生时代，"不论我在哪里，我都将时刻陪伴在你身边"将成为一种可能与现实。

数字孪生技术将随着该技术的不断成熟与普及，拓展更多的应用领域，未来我们将会面对三个世界：一个是真实的物理世界，一个是数字孪生的世界，一个是虚实交互的世界。尽管从当前来看，数字孪生技术对于大多数人而言还是一项相对陌生的技术，但正如我们当前所面对的科技时代一样，随着技术的不断更新迭代，数字孪生将完全改变我们发现、认知和改造世界的方式。

数字经济
产业政策

第 8 章

讲到数字孪生，我们不能不提到的一个名词是"数字经济"，数字孪生是数字经济产业的一个重头戏。什么是"数字经济"呢？

8.1 数字经济的定义

2016年9月，在G20杭州峰会上发布的《二十国集团数字经济发展与合作倡议》指出，数字经济是指以使用数字化的知识和信息作为关键生产要素、以现代信息网络作为重要载体、以信息通信技术的有效使用作为效率提升和经济结构优化的重要推动力的一系列经济活动。

"数字经济"中的"数字"根据数字化程度的不同，可以分为三个阶段：信息数字化、业务数字化及数字转型。数字转型是目前数字化发展的新阶段，指数字化不仅能扩展新的经济发展空间，促进经济可持续发展，而且能推动传统产业转型升级，促进整个社会的转型发展。

数字经济是继农业经济、工业经济之后，随着信息技术革命发展而产生的一种新的经济形态，是创新经济、绿色经济，更是开放经济、分享经济。作为一种的新经济形态，数字经济已成为经济增长的主要动力源泉和转型升级的重要驱动力，同时也是全球新一轮产业竞争的制高点。

2019年4月18日，中国信息通信研究院发布的《中国数字经济发展与就业白皮书（2019年）》（以下简称《白皮书》）显示，2018年我国数字经济规模达到 31.3 万亿元，同比增长了 20.9%，占 GDP 比重为 34.8%。产业数字化成为数字经济增长主引擎。近年来，数字经济增速及体量备受关注，原因就在于数字经济发展速度显著高于传统经济门类，也就是作为"新动能"的带动作用明显。同时，由于数字经济成为一些地方经济发展"换道超车"的重要推手，因此各省市数字经济的规模、占比、增速成为各方关注的焦点。

8.2　全球主要国家和地区的数字经济战略与产业政策

越来越多的国家意识到数字经济产业对于国家发展的重要战略作用，因此推陈出新，跟随科技发展制定出了许多保障和促进数字经济产业健康长足发展的相关战略和政策。

8.2.1　美国——基于"美国优先"的理念，力图继续巩固美国数字经济的优势地位

2018 年，美国在数字经济领域主要发布了《数据科学战略计划》（见表 8-1）、《美国先进制造业领导力战略》（见表 8-2）等，其中明确提到了促进数字经济发展的相关内容。

表 8-1　《数据科学战略计划》

政策概要
发布时间：2018年6月4日
政策名称：《数据科学战略计划》
发文机构：美国国立卫生研究院
政策目的
该战略借助机器学习、虚拟现实等新技术，管理国家生物医学研究的大量数据，为推动生物医学数据科学管理现代化指定路线图。

政策内容
1. 支持高效安全的生物医学研究数据基础设施建设。优化数据存储，提升数据安全性，连接不同的数据系统。
2. 促进数据生态系统的现代化建设。支持个人数据的存储和共享，将临床和科研数据整合到生物医学数据科学中。
3. 推动先进数据管理、分析和可视化工具的开发和使用。支持开发具有实用性和通用性，并且使用无障碍的工具和工作流程。
4. 加强生物医学数据科学人才队伍建设，制定相应政策推动数据科学管理可持续发展。

表 8-2 《美国先进制造业先进领导力战略》

政策概要	
发布时间：2018年10月5日 政策名称：《美国先进制造业领导力战略》 发文机构：美国白宫	
政策目的	
该政策首次公开了美国政府确保未来美国占据先进制造领导地位的战略规划，旨在通过制定发展规划扩大制造业就业、扶持制造业发展、确保强大的国防工业基础和可控的弹性供应链，实现跨领域先进制造业的全球领导力，以保障美国国家安全和经济繁荣。	
主要内容	**与数字经济相关事项**
1. 梳理影响先进制造业创新和竞争力的因素，重点包括制造业与技术发展及市场导向紧密结合的趋势，制造业技术发展及基础设施建设，可靠的知识产权法律体系，有利于制造业的贸易政策，高水平的科学、技术、工程、数学教育及制造业的工业基础。 2. 提出保障先进制造业领导地位的三大核心目标，即开发和转化应用新制造技术；教育、培训和集聚制造业劳动力；扩展国内制造业供应链的能力。针对每个核心目标，确定了若干个战略目标及相应的一系列具体优先事项。针对每个战略任务还指定了负责参与实施的主要联邦政府机构。 3. 强调要对引领世界制造业发展的关键领域进行重点支持，推动基础研究到科研成果的转移、转化，在关键领域实现持续性技术创新和产业化应用。	在"抓住智能制造系统的未来"战略目标下，提出四个具体优先事项： 1. 智能与数字制造。利用大数据分析和先进的传感和控制技术促进制造业的数字化转型，利用实时建模、仿真和数据分析产品和工艺，制定智能制造的统一标准。 2. 先进工业机器人。促进新技术和标准的开发以便更广泛地采用机器人技术，促进安全和有效的人机交互。 3. 人工智能基础设施。制定人工智能新标准并确定最佳实践以提供一致的保障数据安全并尊重知识产权，优先为美国制造商研发数据访问、机密性、加密和风险评估的新方法。 4. 制造业的网络安全。制定标准、工具和测试平台，传播在智能制造系统中实施网络安全的指南。

8.2.2 德国——制定高科技战略，加强人工智能战略实施

2018 年，德国在数字经济领域主要发布了《人工智能德国制造》（见表8-3）、《高技术战略2025》（见表8-4）等政策，明确提出将推动人工智能技术的应用。

表 8-3 《人工智能德国制造》

政策概要
发布时间：2018年11月15日 政策名称：《人工智能德国制造》 发文机构：德国联邦政府
政策目的
该政策旨在将人工智能的重要性提升到国家的高度，为人工智能的发展和应用提出整体政策框架，并计划在2025年前投入30亿欧元用于该政策的实施，以促成经济界、科研界及企业界对人工智能的研发和应用，力争缩小德国同美国、亚洲在软件、创新方面的差距。
政策内容
该政策全面思考了人工智能对社会各领域的影响，定量分析人工智能给制造业带来的经济效益，强调利用人工智能技术服务中小型企业，特别关注人工智能在社会政策和劳动力方面的潜在影响和问题，同时提出五大突破领域，即机器证明和自动推理、基于知识的系统、模式识别与分析、机器人技术、智能多模态人机交互。
主要举措
1. 利用人工智能打造德国的国家竞争力。建立由12个人工智能研究中心组成的全国创新网络，规划建设欧洲人工智能创新集群，同时扶持初创企业和中小企业，为其提供数字技术、商业模式等方面的支持。 2. 利用人工智能为公众谋福利、造福环境和气候。在环境和气候领域启动50个名为"灯塔应用"的示范项目。 3. 强调数据保护领域的法律和制度。联合数据保护监管机构和商业协会，共同制定人工智能系统的应用准则和相关法律，保护个人和企业的数据安全。

表 8-4 《高技术战略2025》

政策概要
发布时间：2018年9月5日 政策名称：《高技术战略2025》 发文机构：德国联邦内阁

政策目的
该政策为德国未来高技术发展的战略框架，明确了德国未来7年研究和创新政策的跨部门任务、标志性目标和重点领域，以"为人研究和创新"为主题，将研究和创新国家繁荣发展的目标，即可持续发展和持续提升生活质量相结合，并计划投入150亿欧元用于该政策的实施，旨在通过推动和促进德国科技的研究和创新应对挑战，提高民众生活质量，进一步稳固德国的创新强国地位。

主要内容	与数字经济相关事项
1. 应对社会重大挑战，包括抗击癌症、发展智能医学、大幅减少环境中的塑料垃圾、启动工业脱碳计划、发展可持续循环经济、保护生物多样性、发展智能互联汽车、推动电池研究。 　　2. 加强德国未来高技术能力。发展微电子、通信系统、材料、量子技术、现代生命科学和航空航天研究，从关键技术、专业人才和社会参与三方面加强德国未来高技术能力。 　　3. 建立开放的创新与风险文化。支持发展开放的创新与风险文化，为创造性思想提供空间，吸引新参与主体投身德国创新，促进知识转化，增强中小企业的企业家精神和创新能力，深化德国与欧洲及国际其他地区的创新伙伴关系。	在"加强德国未来高技术能力"的主题中，提出推动人工智能应用，利用国家人工智能战略系统发展德国在该领域的能力。 　　1. 推进机器学习方面的能力建设，推动学习系统的使用，开发大数据编辑与分析的新方法，从数据中产生知识并创造价值。 　　2. 在高校设立人工智能教授岗位，扩大专业人才基础，同时大幅提高人工智能在各行业应用的数量，激发创业活力。 　　3. 在人工智能、大数据方法应用、人机交互等技术领域，加强与社会的对话。成立数据伦理委员会，提出数据政策和对待人工智能和数字创新发展框架的建议。

8.2.3　日本——重视科技解决问题，致力"社会5.0"计划

2018 年，日本发布了《日本制造业白皮书》（见表 8-5）、《第 2 期战略性创新推进计划（SIP）》（见表 8-6）等战略和计划，其中详细阐述了推动数字经济发展的行动方案。

表 8-5　《日本制造业白皮书》

政策概要
发布时间：2018年6月14日 政策名称：《日本制造业白皮书》 发文机构：日本经济产业省

政策目的
自2002年开始，日本政府在每年5、6月期间发布年度《日本制造业白皮书》，旨在分析和解决日本制造业所面临的持续的低收益率问题，判断目前全球制造业处于一个非连续创新的阶段，指出要将发展互联工业作为日本制造业发展的战略目标。

主要内容	与数字经济相关事项
1. 分析日本制造业面临的现状。强调"现场力"对实现生产率提高的重要性，同时推动互联工业的发展，提出进行更有效的制造业培训，构建社会通用的能力评价制度，以及培养面向超智能社会的教育和制造业人才。 　　2. 总结2017年制造业基础技术促进措施，评估制造业基础技术研发措施的推进情况，包括知识产权的获取和应用、技术的标准化及认证、科技创新人才的培养、研究成果的应用转化。 　　3. 培育制造业基础产业。推进产业集群发展，促进中小企业的创新和创业，培养战略性领域。 　　4. 促进制造业基础技术学习。加强学校教育中的制造业教育，促进与制造业相关的终身学习。	1. 提出利用数字化工具强化和提升制造"现场力"。通过利用机器人、物联网及人工智能等技术实现自动化，提高生产率并应对人手不足。 　　2. 明确互联工业是未来的产业趋势。即通过灵活运用物联网、大数据、人工智能等数字化工具连接人、设备、系统、技术，实现自动化与数字化融合的解决方案，创造新的附加价值。 　　3. 提出培养自动驾驶、机器人等战略性领域产业。完善战略性领域的基础建设，同时强调网络安全。

表 8-6 《第 2 期战略性创新推进计划（SIP）》

政策概要
发布时间：2018年7月31日 政策名称：《第2期战略性创新推进计划（SIP）》 发文机构：日本综合科学技术创新会议

政策目的
该政策旨在通过推动科技从基础研究到实际应用的转化、解决国民生活的重要问题及提升日本经济水平和工业综合能力，促进科技的研究和开发，实现技术创新，建设超智能"社会5.0"。

主要内容	与数字经济相关事项
1. 基于大数据和人工智能的网络空间基础技术，实现机器与人的高度协作及跨领域数据协作。 　　2. 发展物理空间数字数据处理技术，开发实现物联网解决方案的通用平台技术及实施社会5.0的社会应用技术。 　　3. 建立与物联网社会相对应的网络物理安全，建立和维护信任链，确保物联网系统与服务和供应链的安全。	1. 基于大数据和人工智能的网络空间基础技术，发展人机交互基础技术，实现与人类的高度协作，开展各领域（看护、教育、接待等）的原型设计和有效性验证，促进跨领域数据协作基础建设，同时发展人工智能之间合作的基础技术。

主要内容	与数字经济相关事项
4. 自动驾驶系统和服务的扩展。 5. 推进综合材料开发系统的革命，发展材料集成逆问题基础技术及应用。 6. 利用光和量子的社会5.0实现技术，发展激光加工、光量子通信及光电信息技术。 7. 发展智能生物产业和农业基础技术，建立智能食物链系统，建立新的卫生系统。 8. 实现脱碳社会的能源系统，开发能源管理相关技术、无线电力传输系统及创新的碳资源高利用率技术。 9. 加强国家抵御能力（防灾减灾），开发疏散和紧急活动的综合支持系统和市政灾害应对集成系统。 10. 开发人工智能驱动的先进医院诊疗系统。 11. 促进智能物流服务领域发展。 12. 创新深海资源研究技术，调查稀土泥等海洋矿产的资源量，开发深海资源调查技术和生产技术。	2. 自动驾驶系统和服务的扩展。促进自动驾驶系统的开发和验证，开发信号信息提供技术，开发自动驾驶实用化的基础技术，培养社会对自动驾驶技术的接受度。 3. 智能生物产业和农业基础技术。建立智能食物链系统，结合大数据、生物技术开展数据驱动型的育种工作。 4. 人工智能医院的先进诊疗系统。开发高度安全的医疗信息数据库及医疗信息的遴选、分析技术，使用人工智能自动记录医疗期间的各项活动，开发基于患者生理信息的人工智能诊断、监测和治疗技术。 5. 智能物流服务。构建物流和商业流量数据平台，开发"物体运动可视化"技术及"产品信息可视化"技术。

8.2.4 俄罗斯——强调科技发展新理念，建设世界级科教中心

2018 年，俄罗斯发布了年度《国情咨文》（见表 8–7）与《2024 年前俄联邦发展国家目标和战略任务》（见表 8-8）总统令，强调了要促进数字经济相关领域的发展。

表 8-7 《国情咨文》

政策概要
发布时间：2018年3月1日 政策名称：《国情咨文》 发文者：俄罗斯总统

政策目的
该《国情咨文》旨在阐述俄罗斯科技等领域的国家发展战略。自1993年通过宪法后，俄罗斯总统向联邦会议发表《国情咨文》成为每年惯例。《国情咨文》虽不具有直接法律效力，但对俄罗斯战略发展愿景具有指导意义。

主要内容	与数字经济相关事项
1. 国民福祉是国家发展的主要因素。革新就业制度以提高就业率，并确保国民养老金的增长，继续推动人口可持续增长。 2. 制定并实施国家城市和其他居民点的发展纲要。城市发展应成为国家发展推动力，加强现代化基础建设。 3. 改善国民居住条件。增加国民收入，降低按揭贷款利率，同时增加住房市场供应量。 4. 发展现代化交通。规范区域和地方道路，发展欧亚运输动脉及区域间航线系统，提高铁路运力。 5. 发展现代化医疗服务。推动建立有效的医疗保健系统，建立国家医疗系统的统一数据平台。 6. 确保高标准的生态平衡福祉。加强对企业的环保要求，提高饮用水质量。 7. 提高国民的文化生活水平。 8. 加强对青少年的教育培养。 9. 促进科技发展。 10. 发展数字化公共行政系统。确保在六年内实现所有公共服务可通过远程服务实时提供，实现政府文件流通的数字化。 11. 建立最新战略武器系统，大力研发先进技术和新型战略武器。	1. 尽快制定进步的法律框架，为机器人设备、人工智能、无人驾驶和大数据等前沿技术的开发和应用提供法律基础。 2. 建立与全球信息空间兼容的国家数字平台，为重组制造流程、金融和物流提供数据服务。 3. 实施第五代数据传输网络和物联网连接建设。 4. 强化国立数学学院的优越性并建立国际数学中心，促使俄罗斯在数字经济时代具有更大的竞争优势。

表 8-8　《2024 年前俄联邦发展国家目标和战略任务》

政策概要
发布时间：2018年5月7日 政策名称：《2024年前俄联邦发展国家目标和战略任务》总统令 发文者：俄罗斯总统

政策目的
该总统令规划了俄罗斯的六年发展蓝图，确定了2024年前俄罗斯在社会、经济、教育和科学等领域的国家发展目标和战略任务，明确提出2024年前确保俄罗斯在智能制造、机器人系统、智能运输系统等科技优先发展领域进入全球五强。

主要内容	与数字经济相关事项
1. 提出十二个优先发展领域和具体行动目标，优先发展领域包括人口、健康、教育、住房和城市环境、生态环境、公共交通基础设施、劳动和就业、科学、数字经济、文化、中小型企业及国际合作。 　　2. 提出国家发展的九大目标，包括人口可持续增长、国民预期寿命延长、国民实际收入稳步增长、国家贫困率减半、改善国民家庭生活条件、加速国家技术发展、在经济和社会领域引入数字技术、确保经济稳定增长、基于新兴技术创建经济基础部门。	1. 建设数字经济法律监管体系。 　　2. 创建具有国际竞争力的数字基础设施。实现海量数据的高速传输、处理和存储。 　　3. 培养数字经济领域高素质人才。 　　4. 发展信息安全技术。确保个人、企业和国家的数据安全。 　　5. 发展"端到端"数字技术。 　　6. 在公共服务、健康、教育、工业等领域引入数字技术和平台解决方案。 　　7. 支持数字技术和平台解决方案的应用和研发投入。在健康、教育、工业、农业、运输、能源基础设施及金融等优先部门进行数字化升级，并为数字化技术的开发提供多样的融资渠道。 　　8. 制定数字经济发展规划。

8.2.5　韩国——出台体制改革计划，力争科技创新

　　2018 年，韩国在数字经济领域主要发布了《第四期科学技术基本计划（2018—2022）》（见表 8-9）、《创新增长引擎》五年计划（见表 8-10）等，着重指出推动数字经济发展的优先举措。

表 8-9　《第四期科学技术基本计划（2018—2022）》

政策概要
发布时间：2018年2月 政策名称：《第四期科学技术基本计划（2018—2022）》 发文机构：韩国政府

政策目的
该政策是韩国第四个科学技术五年计划，是韩国科学技术领域的最高层次计划，以"科技改变国民生活"为主旨，以人才为中心作为核心目标，旨在通过展示科学和技术到2040年应该实现的未来蓝图，将长期愿景与基本计划联系起来，对今后五年科技发展作出重要战略规划。

主要内容	与数字经济相关事项
1. 建立以研究人员为中心的新研发体系，培养研究人员的创新能力和融合技能。 2. 建立融合创新的科技生态系统。将科技融入经济和社会各个领域，同时加强工业界和学术界的合作。 3. 用科学技术培育新兴产业，创造良好的就业机会。建立实时连接和管理人、物、信息的网络基础，并通过创新增长引擎促进产业发展。 4. 通过科技改善国民生活质量，并解决环境、能源等全球性问题。	1. 人工智能、智慧城市、三维打印首次入选该计划的120个重点科技项目。 2. 强调继续提升人工智能和区块链技术的发展水平。 3. 提出将大数据、下一代通信、人工智能、自动汽车、无人驾驶飞行器、智能城市、VR/AR、定制化医疗保健、智能机器人、智能半导体等领域作为政府大力发展的创新增长引擎技术方向，推动经济发展，引领第四次工业革命。

表 8-10　《创新增长引擎》五年计划

政策概要
发布时间：2018年4月6日 政策名称：《创新增长引擎》五年计划 发文机构：韩国未来创造科学部

政策目的
该政策旨在通过创新增长引擎培育基于研发的新产业并加速经济发展。该政策指出，增长引擎领域将在2022年改变韩国，将利用这些领域的发展为第四次产业革命做好准备。该政策还提出了四大创新增长引擎领域及12个技术方向。

主要内容	与数字经济相关事项
1. 发展智能基础设施领域。技术方向包括大数据、5G、物联网商业化、人工智能。	1. 在智能基础设施领域，提出以大数据、下一代通信、人工智能为技术方向。提高大数据预测分析的准确性，利用5G商业化和物联网超链接服务开启并推广服务，通过发展和推广人工智能核心技术克服技术差距。

主要内容	与数字经济相关事项
2. 发展智能移动物体领域。技术方向包括自动汽车、无人驾驶飞行器。 3. 发展聚合服务领域。技术方向包括智能城市、虚拟现实和增强现实、定制化的医疗保健、智能机器人。 4. 发展产业基础领域。技术方向包括新药、新能源及可再生能源、智能半导体、先进材料。	2. 在智能移动物体领域，提出以自动汽车、无人驾驶飞行器为技术方向。实现真正的可达到3级水平的自动驾驶汽车并建设自动交通系统，并发展民众和企业的无人机技术并实现商业化。 3. 在会聚服务领域，提出以智能城市、VR/AR、定制化医疗保健、智能机器人为技术方向。提升VR/AR融合内容/服务/平台/设备等相关技术，发展个性化医疗及精准医药系统，研发和提升智能制造机器人和医疗安全服务机器人。 4. 在产业基础领域，提出以智能半导体为技术方向。计划2022年前获得人工智能半导体的核心技术。

8.3 我国各地区的数字经济产业支持政策要点分析

大力发展数字经济，已经成为国家实施大数据、助推经济高质量发展的重要抓手。数字经济在稳增长、调结构、促转型中已发挥引领作用。目前，我国数字经济总框架体系已基本构建，具体政策体系将加速成型。其中，"互联网＋"高质量发展的政策体系正酝酿出台。围绕"互联网＋"及数字经济的系列重大工程或接续展开。

中央与地方正在谋划数字经济新一轮政策布局，加快建立数字经济政策体系成为重中之重。据了解，这一政策体系或包括数字经济整体发展促进政策、规制或治理政策、相关环境政策，以及大数据、人工智能、云计算等数字经济重要行业发展相关政策。

2016 年 2 月，贵州省出台全国首个省级层面的数字经济规划，广西壮族自治区、安徽省等省（自治区、直辖市）也相继出台了支持数字经济、人工智能等大数据发展的政策措施；山东、江西等省内地区设定了数字经济占 GDP 超 3 成的增速目标，并将 5G 等信息基础设施建设、传统产业升级等作为突破口。例如，2019 年 6 月 3 日公布的《天津市促进数字经济发展行动方案（2019—2023 年）》指出，天津市力争到 2023年，数字经济占 GDP 比重居全国领先地位。为此，要建设智能化信息基础设施，推动中心城区光纤网络全覆盖，加快建设 5G 基础设施。

浙江省提出，到 2022 年，实现 5G 相关产业业务收入 4000 亿元，支撑数字经济核心产业业务收入 2.5 万亿元。

北京市表示，将加快推进 5G 通信设备智能化制造、设备智能操作系统等一批产业化项目建设，促进数字经济快速发展。

以下是近年来各地区在促进数字经济发展方面制定的一些支持政策，并梳理分析了《贵州省数字经济发展规划（2017—2020）》《福建省数字经济发展专项资金管理办法》《安徽省关于印发支持数字经济发展若干政策以及安徽省支持数字经济发展若干政策实施细则》等多个省市地区数字经济产业政策的举措。重点围绕以下六个方面：

（1）注重数字化改造与应用示范。

（2）注重创新型、服务型平台建设。

（3）注重构建数字经济生态体系。

（4）注重招大引强培育市场主体。

（5）注重人才激励与学科建设。

（6）注重强化要素资源支持力度。

8.3.1 注重数字化改造与应用示范省（自治区、直辖市）的对比与分析

注重数字化改造与应用示范省（自治区、直辖市）的对比与分析见表8-11。

表 8-11 注重数字化改造与应用示范省（自治区、直辖市）的对比与分析

	贵州	广西	福建	天津	湖南
数字化改造与转型		对企业智能化技术和工业互联网改造项目年度固定资产投资额（指厂房和设备）达2000万元以上的，按照年度固定资产投资额的5%给予补助，最高不超过500万元。对自治区"两化融合"重点项目，择优技术投资额的5%予以补助，单个项目补助最高不超过100万元。对列入工业和信息化部"两化融合"管理体系贯标试点的企业，给予一次性奖励补助10万元。			
促进企业上云	实施"云使用券"助推"企业上云"工作。符合条件的上云企业可以按程序申领、使用该券，在购买云服务时抵扣部分云服务使用费，每家企业每年申请云使用券金额上限为5万元，其中基础设施层云服务的最高支持比例为40%，平台系统层云服务、业务应用层云服务最高支持比例为60%。	实行"云服务券"财政补贴制度。建立"上云企业出一点、云服务商让一点、各级财政补一点"联合激励机制。鼓励云服务商实行优惠折扣，出台全区各级财政补贴比例和限额标准，通过财政资金对区内注册企业购买"云服务券"给予一定补贴，向区内企业发放"云服务券"，降低企业上云成本。	支持数字福建技术支撑单位通过集中购买服务的方式购买云计算等数字经济基础设施和公共平台服务。支持省直部门、单位通过购买服务方式开展信息化应用和服务。		

	贵州	广西	福建	天津	湖南
树立应用示范标杆			支持开展数字经济区域性、行业性试点示范和互联网、物联网、卫星应用等新技术、新业态、新模式创新应用，对应用示范工程给予不超过300万元的补助。	培育一批大数据、网信新技术、新产品、新模式等试点示范项目，对批国家大数据、网信试点示范项目的企业给予最高不超过500万元奖励。对大数据、网信核心产业重点项目，给予不超过实际投资额20%、最高不超过500万元资金支持。	
推广购买服务等新模式	支持社会资本参与公共服务建设。鼓励政府与企业、社会机构开展合作，加大对云计算、大数据等产品服务的政府采购力度，依托专业企业开展政府数据应用，以政用市场发展带动数字经济市场需求增长。		对于互联网企业购买数字福建（长乐）产业园、数字福建（安溪）产业园等数字经济重点产业园区的数据中心服务，按企业每年费用的30%予以补助，单个企业年补助额度不超过30万元。		遴选一批有较强市场和技术实力的移动互联网和大数据平台（产品），加快在全省社会管理和公共服务中推广应用。探索采用政府和社会资本合作（PPP）模式，推动移动互联网和社会大数据平台（产品）应用。

8.3.2 注重创新型服务型平台建设省（自治区、直辖市）的对比与分析

注重创新型服务型平台建设省（自治区、直辖市）的对比与分析见表 8-12。

表 8-12 注重创新型服务型平台建设省（自治区、直辖市）的对比与分析

	贵州	广西	福建	天津	湖南	安徽
支持创新型公共服务平台	推动大数据产业的要素整合，支持和鼓励企业开展大数据服务平台建设，对投资超过1000万元的专业化公共研发技术服务平台，由所在市级政府认定后，给予投资额10%的一次性奖励，最高不超过1000万元。		对企事业单位（包含高等院校、科研机构）投资建设的数字经济领域创新平台、重点行业公共平台，给予不超过500万元的投资补助。		鼓励园区、企业和社会机构建设应用测试、云服务、数据中心、行业公共技术服务等公共资源平台，持续完善平台支撑功能，省本级按照不超过平台建设费用的20%给予补贴，最高可获得1000万元，进一步促进产业、网公共服务体系向专业化、网络化、一体化升级。	
支持发展云服务等专项目类平台		自治区支持行业龙头企业建设的公共服务云平台，共享经济平台，经认定后，由服务业领域有专项资金予以补助。补助额度遵照原则上控制在项目实际投资额的10%以内，单个项目补助不超过1500万元。				鼓励企业突破数据集成、平台管理、开发工具、微服务框架、建模分析等关键技术，建设工业互联网（云）平台。每年优选一批企业级工业互联网（云）平台，每个奖补50万元；优选一批工业互联网（云）公共平台，每个奖补1000万元。建立动态管理的工业互联网（云）公共平台目录，对优秀服务商予以重点宣传推荐。

	贵州	广西	福建	天津	湖南	安徽
宣传交流平台建设	自2015年开始已连续举办四届数博会，并于2017年正式升级为国家级展会活动。作为全球首个大数据主题博览会，数博会成为全球大数据发展的风向标和权威性数据盛会和产业界最具国际性和权威性的成果与交流平台。		对社会第三方机构或业内知名企业组织开展全省数字经济创业创新大赛，每赛次安排不超过500万元大赛奖金。		组织召开有影响力的国际或全国性的互联网、大数据专业性会议或交流活动，视会议或活动规模、影响力等给予50～200万元的一次性补助。	

8.3.3 注重构建数字生态体系省（自治区、直辖市）的对比与分析

注重构建数字生态体系省（自治区、直辖市）的对比与分析见表8-13。

表8-13 注重构建数字生态体系省（自治区、直辖市）的对比与分析

	广西	湖南	安徽	上海
支持形成应用平台互动体系			支持数字经济领域的平台型企业，通过开放平台功能与数据、提供开发环境与工具等方式，广泛汇聚第三方应用开发者与应用良性互动开发生态。每年安排1000万元奖补一批由安徽省自主研发并取得实效的工业App。	

	广西	湖南	安徽	上海
培育数字经济创新联合发展与生态体系			支持省内数字经济领域的"产学研"平台资源整合，提供创意设计、研究开发、检验检测、标准信息、成果推广、创业孵化、跨界合作、展览展示、教育培训等一体化服务。每年优选一批联合体给予一次性奖补，每个最高可获得500万元。	
支持制定数字技术生态标准	对数字经济企业或行业协会主持起草并颁布实施的数字技术国际标准、国家标准、自治区标准，分别给予一次性奖励60万元、40万元、20万元。		对主导制定国际、国家（行业）相关数字技术标准并取得实效的企业，分别给予每个标准一次性奖补100万元、50万元。	
加强关键技术攻关与产业化		每年确定3～5个带动性或基础性强，或属新兴优势产业链强链补链的重点领域。支持企业在移动互联网、大数据、物联网、人工智能、区块链等方面开展关键技术攻关和产业化。对投资额200万元以上的，按照不高于项目技术开发费用的20%给予资金补助，最高可获得500万元。		对符合重点支持方向的人工智能领域项目，按照本市人工智能创新发展专项支持实施细则，给予总投资最高30%、总额最高2000万元的支持。

8.3.4 注重招大引强培育市场主体省（自治区、直辖市）的对比与分析

注重招大引强培育市场主体省（自治区、直辖市）的对比与分析见表 8-14。

表 8-14 注重招大引强培育市场主体省（自治区、直辖市）的对比与分析

	贵州	福建	安徽	上海	天津	湖南
对龙头企业的招引	1. 省外大数据及关联企业总部迁至我省或在我省设立区域性总部的，依据其缴纳的税收、吸纳就业和产业水平等情况，由所在市、县级政府给予一次性不超过500万元的落户奖励。 2. 世界500强、国内电子百强企业及国家规划布局内重点软件（集成电路设计）企业，在我省投资5亿元以上建立研发生产基地，涉及的国有土地使用权出让收益，按规定计提各种专项资金后的土地出让收益由市、县留存部分，可用于支持项目建设。	对数字经济龙头企业，设立具有独立法人资格的机构（包括区域总部、行业总部），注册资本金实际到位1亿元（含）以上的，给予200万元的一次性落户奖励。	1. 对总部（含研发总部和区域总部）新落户的全国电子信息百强、软件百强、互联网百强企业，每户给予一次性奖补200万元。 2. 对首次进入全国电子信息百强、软件百强、互联网百强的企业，分别给予一次性奖补100万元。 3. 对首次进入安徽省重点电子信息、软件百强省单的企业，分别给予50万性奖补。	支持人工智能头部企业在沪建立企业总部，鼓励有条件的企业或机构设立新平台、孵化基地。鼓励人工智能企业率先创新成果在本市转化，在相关方面视同国内创新成果支持。	对综合实力达到行业领先地位、主要产品市场占有率全国领先的大数据、网信领军企业，经认定后，给予最高500万元奖励。对成长性好、发展潜力大的大数据、网信领军培育企业，经认定后，给予最高300万元奖励。	

	贵州	福建	安徽	上海	天津	湖南
支持本土企业做大做强	1. 对新创办的大数据及相关产业符合"3个15万元"扶持政策的微型企业,享受"3个15万元"的优惠政策。 2. 投资1000万元及以上的大数据企业,从企业投产运营之日起3年内,企业实际交纳的省级以下税收地方财政留存增量部分,由企业所在地市、县政府全额补助给企业,用于支持企业发展;投产运营3年以上、5年以内的,以减半方式加大支持力度。 经认定的大数据龙头企业,可采取"一企一策""一事一议"的方式加大支持力度。	对年营业收入超过4000万元、1亿元的互联网企业,分别给予50万元、100万元的一次性奖励。对评选的数字经济重点领域优秀创新产品,分档次一次性给予不超过200万元的奖励。	对省属数字技术企业营业收入首次达到1亿元、10亿元的,分别给予一次性奖补100万元、500万元。对企业首次进入国家"独角兽企业"名单的,鼓励所在市政府采取"一事一议"的方式给予支持。			1. 对入围全国互联网百强企业或全国软件百强的盈利企业,进入前20名的一次性给予奖励300万元,进入21~50名的一次性给予奖励200万元,进入51~100名的一次性给予奖励100万元。 2. 对移动互联网和大数据相关业务收入首次突破1亿元、5亿元、10亿元的盈利企业,一次性分别给予奖励50万元、100万元、200万元。对企业的奖励不影响企业申报项目。 3. 对于上一年营业收入300万元以上、年增幅超过50%的中小微企业,视项目投入、规模、增速、经济贡献和就业情况,给予30万~150万元项目资金补助。 4. 对于获得天使投资和风险投资轮投资的企业,视其投资额度可提高支持力度。

数字孪生

8.3.5 注重人才激励与学科建设省（自治区、直辖市）的对比与分析

注重人才激励与学科建设省（自治区、直辖市）的对比与分析见表 8-15。

表 8-15 注重人才激励与学科建设省（自治区、直辖市）的对比与分析

	贵州	安徽	湖南	广西
加强重大贡献荣誉激励		每年评选10个"数字经济领军企业"，给予每家企业一次性奖补100万元，评选10名"发展数字经济领军人物"，给予其领军的团队一次性奖补50万元。		对新获批建设的大数据相关专业博士点、硕士点，以及新获批开设的大数据相关本科、专科（高职）专业，由自治区教育发展专项基金分别给予一次性奖励补助200万元、150万元、100万元、50万元。
鼓励开设数字经济相关专业			支持省属高校与相关单位合作共建互联网学院。高等院校新设移动互联网和大数据相关专业，可给予最高100万元项目建设补助。	
大力支持技术创新创业团队			在移动互联网、大数据、物联网、人工智能、区块链等方面开展技术攻关和产业化的团队，经济效益显著的，每年遴选5~10个优秀创新团队，每个团队给予50万~100万元一次性补助。	

	贵州	安徽	湖南	广西
支持数字经济企事业单位培养数字经济技能人才	1. 鼓励企业与国内外知名高校院所开展合作，探索多元化的校企联合培养模式，重点培养网络技术、大数据、人工智能、虚拟现实等数字经济领域紧缺技能人才。对高校、科研院所等专业技术人员经同意离岗的，可在三年内保留人事关系。积极支持数字经济领域高层次人才入选我省百人领军人才、千人创新创业人才，优先向国家推荐"国家百千万人才工程人选"。 2. 鼓励有条件的职业院校、社会培训机构和数字经济企业开展职业培训，对参加网络创业培训的劳动者，按有关规定给予创业培训补贴。将数字经济职业（工种）纳入就业技能培训和高技能人才培训补贴范围。对参加职业技能培训工组织职工培训的数字经济企业，可按规定享受职业培训补贴和职业技能鉴定补贴政策。		对高等院校、中等职业学校、技工学校等教育培训机构经过6个月以上培训培养的移动互联网和大数据等专业学员中，有200人以上与省内企业签订两年以上劳动合同的，综合考虑其实际学员人数给予奖补，最高可获得100万元。	1. 对于依法参加失业保险、累计缴纳失业保险费满36个月、并在2017年1月1日后取得初级（五级）、中级（四级）、高级（三级）职业资格证书或职业技能等级证书的，可分别申领一次性技能提升补贴1000元、1500元、2000元。 2. 符合自治区紧缺急需职业（工种）的，技能提升补贴标准在一般职业（工种）对应等级的补贴标准基础上提高20%，所需资金从失业保险基金中列支。

8.3.6 注重加大要素资源支持力度省（自治区、直辖市）的对比与分析

注重加大要素资源支持力度省（自治区、直辖市）的对比与分析见表 8-16。

表 8-16 注重加大要素资源支持力度省（自治区、直辖市）的对比与分析

	贵州	福建	安徽	天津	湖南	广西
落实税收优惠政策	1. 对创业投资企业和有限合伙制创业投资企业从事国家鼓励的创业投资，符合条件的可按投资额的一定比例抵扣应纳税所得额。 2. 优先支持符合条件的数字经济企业认定为高新技术企业，对被认定为高新技术企业的，可享受15%的企业所得税优惠税率。 3. 对数字经济企业新购进的专门用于研发的仪器、设备，单位价值不超过100万元的，可按规定在税前一次性扣除；单位价值超过100万元的，可缩短折旧年限或采取加速折旧的办法。 4. 对处在起步阶段，规模不大但发展前途广阔，有利于大众创业万众创新的数字经济新业态，按照国家有关税收激励政策，可依法享受企业所得税、增值税等税收优惠政策。 5. 对数字经济企业开发新技术、新产品、新工艺发生的研究开发费用可按规定在计算应纳税所得额时加计扣除。		严格落实固定资产加速折旧，企业研发费用加计扣除，软件和集成电路产业企业所得税优惠，小微企业税收优惠等政策，经认定为高新技术企业的，减按15%的税率征收企业所得税。落实股权激励和技术入股有关所得税政策。			

	贵州	福建	安徽	天津	湖南	广西
加大基金支持力度	推动社会资本向数字经济领域加快集中。建立以前沿技术支撑、数字基础设施、智能化改造提升等项目为重点的数字经济发展项目库，及时发布并推进数字经济工程包建设，向在黔商会、大企业、大集团加强推广，吸引社会资本向数字经济优质投资项目加大投入。鼓励天使投资、风险投资、创业投资、私募基金等投资机构支持初创型、成长型数字经济企业发展。	鼓励金融机构、产业资本和其他社会资本设立市场化运作的物联网、大数据、人工智能、卫星应用及其他数字经济产业细分领域的产业投资基金、创业投资基金。基金以股权投资方式投资福建省未上市数字经济企业，年度投资总额达5000万元（含）以上且投资期限在三年以上，按其当年实际投放投资总额的一定比例给予奖励，每年最高奖励不超过300万元。			规范省移动互联网投资基金运作，积极吸引社会资本参股移动互联网投资基金，按照省政府出资额度，可以将省级政府出资基准有的超过基准的收益部分让渡给社会资本。对创业投资企业项目，资金到位后三年内任一年度可以投资企业投资额的20%给予一次性补贴，最高可获得200万元。	

数字孪生

	贵州	福建	安徽	天津	湖南	广西
加大信贷支持	引导金融机构探索开展以知识产权为抵押物的信贷业务。支持外资创业投资、股权投资机构积极探索投资数字经济新模式。培育中小数字经济企业在"新三板"等上市融资新模式，鼓励符合条件的数字经济企业通过发行企业债券、公司债券，实现融资多元化。鼓励各县（市、区）政府、产业主管部门、园区管理机构给予数字经济领域创新型企业主融资一定额度的贷款贴息、评估补助、风险补助及其他形式的金融服务。	开展重大项目贴息补助，对数字经济产业基地、重点园区、创新平台等基础设施新增投资及重大项目投资，给予贷款贴息支持，单个项目贴息率最高不超过中国人民银行公布的同期贷款基准利率的50%，当年贴息额度不超过1000万元，连续支持不超过三年。	鼓励银行业金融机构优化数字技术企业信贷审批流程，适度提升风险容忍度，开展知识产权、商标专用权、专利权、股权、应收账款等质押贷款，扩大信用贷款规模。创新"税信融通"业务，助力中小企业融资。建立省数字经济企业上市备案资源库，支持企业上市挂牌，省级资本市场上市挂牌后备层次财政按规定予以奖励。支持符合条件的企业发行债券。同等条件下，国有及国有控股担保（再担保）公司对数字经济企业给予优先担保，担保费率不高于1.2%。对数字经济领域的科技保险按规定给予补助。			

	贵州	福建	安徽	天津	湖南	广西
优先安排建设用地	1. 加大用地保障力度。以"先存量、后增量"的原则，依法保障数字经济新产业、新业态发展快、用地集约且需求大的地区。对新增加年度建设用地指标，可适度加大用地保障。对符合土地利用总体规划和城乡规划的数字经济产业项目，优先保障用地。对数字经济企业用地，在符合产业方向、明确产业用地类型的前提下，可采用挂牌方式出让，提高土地资源开发效能。 2. 降低土地成本。对列入省重点项目计划的新建数字经济项目取得国有建设用地使用权的，可以分期缴纳土地出让金，签订土地出让合同后一个月内缴纳出让价款的50%，余款在一年内缴清。对纳入本省数字经济产业规划且用地集约的数字经济产业重点项目，在确定工业用地出让底价时可按不低于所在地土地等别相对应实际土地取得成本、前期开发成本和按规定应收取的相关费用之和。对新落户的数字经济企业，自投产次年起五年以上的，由地方政府给予一定奖励。对数字经济用途（不含土地使用税）由均3万元以上的，在符合规划、不改变用途的前提下，提高土地利用率的，不再增收土地价款。鼓励实行长期租赁、先租后让、租让结合的工业用地供应方式，加快办理数字经济集聚产业园区用地符合住房保障条件的员工可纳入当地住房保障政策范围。		对于属于下一代信息网络产业（通信设施除外）、新型信息技术服务、电子商务服务等经营服务项目，可按商服用途落实用地。在不改变用地主体、规划条件的前提下，开发互联网信息资源，利用存量房产、土地资源发展新业态、创新商业模式，开展线上/线下融合业务的，可实行继续按原用途和土地权利类型使用土地的过渡期政策。过渡期满，可根据企业发展业态和控制性详细规划，确定是否另行办理用地手续事宜。	对入驻政府投资建设标准厂房和办公用房的大数据、网信企业，由企业所在区人民政府给予3年的办公场所租金补贴，300平方米以内的房租免房租，300至1000平方米部分的房租减半。		1. 对投资5亿元以上的数字经济产业涉及的国有土地使用权出让收益，按规定计提各种专项资金的土地出让收益由市县留存部分，在政策规定使用范围内，可通过预算安排统筹用于支持数字经济产业基地建设。 2. 对在总部基地工商注册登记的企业，入驻所在地政府投资建设的标准厂房和办公用房，由所在地政府给予办公场地租金补贴，面积为300平方米以内的，免房租；面积为300平方米至1000平方米部分的，对部分办房租三年内减半收取。

	贵州	福建	安徽	天津	湖南	广西
加强电力资源支持	变压器容量在315KVA及以上的数据中心用电执行大工业电价，可优先列入大用户直购电范围。通过直供电、基地建设自备电厂、资金补贴和奖励等方式降低要素成本。		对符合条件的云计算中心、超算中心、数据中心、灾备中心等执行工商业及其他电价中的两部制电价。支持通信、广电运营企业及相关IT企业参加电力用户与发电企业直接交易。		加快建设并优化布局云计算及大数据应用基础设施。变压器容量在315KVA及以上的数据中心工业电拟行大工业电价，可优先列入大用户直接购电范围。	对已纳入《广西数字经济发展规划（2018—2025年）》的数字经济产业园区，同等享受自治区级及以上的工业园区、现代服务业集聚区的用电政策，园区内的电力用户纳入电力市场化交易范围，对不能采用电力市场化交易项目未实现到户电度电价0.349元/千瓦时的大数据中心用电执行大工业电价，可优先列入最高0.2元/千瓦时的财政补贴（补贴后不低于0.349元/千瓦时），连补3年，每户每年最高补贴不超过500万元。极大降低大数据中心生产用电成本。

8.4　总结

数字经济是各国寻求可持续发展的重要机遇。作为全球经济增长最快的领域，新经济成为带动新兴产业发展、传统产业转型，促进就业和经济增长的主导力量，直接关系到全球经济的未来走向和格局。

数字经济既是中国经济提质增效的新变量，也是中国经济转型增长的新蓝海，政府、企业、社会各界都应积极进行数字化转型，促进数字经济的健康发展。各方既要为数字经济的发展创造良好条件，也要积极应对数字经济发展中可能出现的各种问题，使技术发展真正惠及广大人民群众。

在数字技术赋能传统行业的过程中，更多的是本身就是轻运营模式的产业得以优先完成数字化，使得重模式实体产业并没能实现有效转型。线下业务的线上管理复杂低效，线下信息实时异动不能及时反馈给线上，线上与线下信息对接不上、业务融合不完全。这些问题都在阻碍着数字经济与传统产业相互之间的深度渗透，而如何让两者结合实现价值最大化，就成了现阶段帮助传统产业全面转型的首要任务。

在未来，必须深度打磨数字化技术，让线下产品、业务充分实现数字化，以便线上管理调配。只有实体产业的数字化进程足够深入，在线下才有可能实现透明化管理。线上信息的透明化一方面能让消费者通过数据直观了解产品信息，另一方面也能让线上平台根据消费者的数据反馈有效调配线下业务。未来的数字化企业要利用互联网技术实现操作流程可视化、产品可追踪化管理。

在越来越多"接地气"政策的指导和保驾护航下，相信我国的数字经济产业将会越来越健康、快速地得到发展。数字孪生这一科学技术也将乘着数字经济产业的东风愈加完善、成熟，造福于国家和人民。

参考文献

[1] Gartner. 数字孪生正走向主流应用 75% 参与物联网的组织 5 年内计划落地 [EB/OL]. http://sh.qihoo.com/pc/9b8c49be3ce053038?cota=3&refer_scene=so_1&sign=360_e39369d1.

[2] 德勤. 制造业如虎添翼：工业 4.0 与数字孪生 [R]. 融合论坛，2018.

[3] 庄存波，等. 产品数字孪生体的内涵、体系结构及其发展趋势 [J]. 计算机集成制造系统，2017.

[4] Digital Twin 数字孪生 工四 100 术语 [EB/OL]. http://www.hysim.cc/view.php?id=81.

[5] 寄云科技. 一文读懂数字孪生的应用及意义 [EB/OL]. http://www.clii.com.cn/lhrh/hyxx/201810/t20181008_3924192.html.

[6] 刘大同，等. 数字孪生技术综述与展望 [J]. 仪器仪表学报. 2018（11）.

[7] 从仿真的视角认识数字孪生 [EB/OL]. http://www.sohu.com/a/195717460_488176.

[8] 物联网应用中的数字孪生——一种实现物联网数字孪生的全面的解决方案 [EB/OL]. https://blog.csdn.net/steelren/article/details/79198165.

[9] Digital Twin 的 8 种解读 [EB/OL]. https://www.cnblogs.com/aabbcc/p/10000117.html.

[10] 虚拟空间再造一座城！数字孪生城市推动新型智慧城市建设 [EB/OL]. http://news.rfidworld.com.cn/2019_02/32c97e1975b284b7.html.

[11] 陈才. 数字孪生城市服务的形态与特征 [J]. CAICT 信息化研究.

[12] 新时代 数字孪生城市来临 [J]. 中国信息界.

[13] 高艳丽. 以数字孪生城市推动新型智慧城市建设 [J]. CAICT 信息化研究.

[14] 什么是数字孪生技术 它的价值在哪里 [EB/OL]. http://field.10jqka.com.cn/20190313/c610219150.shtml.

[15] 数字孪生概念兴起 多领域探索及运用 [EB/OL]. https://tech.china.com/article/201903 12/kejiyuan0129252569.html.

[16] 数字孪生系列报道（十）：数字孪生驱动的复杂产品装配工艺 [J]. 计算机集成

制造系统.

[17] 数字孪生技术助增产 [EB/OL]. https://mp.weixin.qq.com/s?__biz=MzU1MTkw
NDAwOA%3D%3D&idx=2&mid=2247491107&sn=b5556beff5dee5f57c2dbe
39bca7c6f1.

[18] 数字孪生：全面预算系统的未来趋势 [EB/OL]. https://www.xuanruanjian.com/
art/146214.phtml.

[19] 陶飞，等. 数字孪生五维模型及十大领域应用 [J]. 计算机集成制造系统，2019，
25（1）.

[20] Digital twin：如何理解？如何应用 [EB/OL]. http://sh.qihoo.com/pc/9cf5c809c
89b80f5c?cota=3&refer_scene=so_1&sign=360_e39369d1.

[21] 熊明，等. 数字孪生体在国内首条在役油气管道的构建与应用 [J]. 油气储运，
2019（38）.